从下涧到杨丰山

——仙居县优质稻米产业发展之路

杨俞娟　朱贵平　袁　玲　主编

中国农业科学技术出版社

图书在版编目（CIP）数据

从下汤到杨丰山：仙居县优质稻米产业发展之路 / 杨俞娟，朱贵平，袁玲主编. --北京：中国农业科学技术出版社，2021. 11

ISBN 978-7-5116-5557-8

Ⅰ. ①从… Ⅱ. ①杨… ②朱… ③袁… Ⅲ. ①水稻—产业发展—研究—仙居县 Ⅳ. ①F326.11

中国版本图书馆CIP数据核字（2021）第217371号

责任编辑 白姗姗
责任校对 贾海霞
责任印制 姜义伟 王思文

出 版 者 中国农业科学技术出版社
北京市中关村南大街12号 邮编：100081
电 话 （010）82106638（编辑室） （010）82109702（发行部）
（010）82109709（读者服务部）
传 真 （010）82106638
网 址 http：// www.castp.cn
经 销 者 各地新华书店
印 刷 者 北京地大彩印有限公司
开 本 170 mm × 240 mm 1/16
印 张 11.75
字 数 200千字
版 次 2021年11月第1版 2021年11月第1次印刷
定 价 98.00元

主　　编：杨俞娟　朱贵平　袁　玲

副 主 编：周奶弟　顾天飞　吴玉勇　应俊杰　顾仙武

编写人员（按姓氏笔画排序）：

王雄明　叶　放　朱　敏　朱再荣　朱贵平

杨俞娟　吴玉勇　吴增琪　何豪豪　应卫军

应俊杰　张惠琴　张群华　周奶弟　周和海

周建华　泮崇新　项加青　袁　玲　顾天飞

顾仙武　顾慧芬　翁仙慧　章志成　彭俊莉

蒋中伟　戴亚伦

通讯主编：袁玲（1985— ），女，湖北黄冈人，博士，目前就职于浙江台州学院，主要从事植物营养学相关研究。E-mail：027yuanling@sina.com.

序言

水稻是我国重要的粮食作物，65%以上的人口以稻米为主食。长期以来，我国稻米生产的主要任务是提高产量，解决人民群众的温饱问题。20世纪80年代中期以来，随着生活水平的提高，消费者对稻米的品质提出了更高的要求，市场需求发生了重大变化，优质稻米的生产和产业化开发呈现快速发展势头。

稻米的品质包括了色、香、味和营养，在保证稻米产量和食用安全的基础上，生产出更好看、更好吃和更有营养的稻米是加快优质大米生产和产业化的关键内容。通过构建优质稻米产、加、销一体化和加工副产物利用的全产业链，有利于农业增效和农民增收，有利于国际竞争力的提高，有利于农业农村经济发展，有利于实现农业的可持续发展。

地处浙江中部的仙居县，稻作文明源远流长，位于该县横溪镇下汤村东北角的下汤遗址，挖掘发现整个地层中都铺满了水稻植硅体，出土了石磨盘和石磨棒等石器，补全了河姆渡古文化遗址中出土稻谷所隐藏的制作和食用的历史，也展现了仙居水稻种植一脉相承的传统。仙居县生态环境优良，具有发展绿色稻米的天然优势。早在2002年，仙居县委县政府就提出了“生态立县”的奋斗目标，着力把仙居建设成为生态经济发达、人居环境和谐、生态环境优美、生态文化繁荣的国家级生态城市。优质稻米是仙居县重点发展的特色粮油食品之一。各级政府高度重视优质稻米产业的发展，注重顶层设计，制定了一系列科学务实的发展战略规划，并出台了完备的扶持政策和措施，确保了优质稻米产业规划的落实和执行。

由仙居县基层农技人员编写的《从下汤到杨丰山——仙居县优质稻米产业发展之路》，总结了近20年来仙居县优质稻米产业化发展的做法和成功经验，紧扣时代主题，提供了很好的样板。该书的出版，可为水稻科研、生产加工和科普提供有益的参考，对推动我国优质稻米产业化发展具有重要意义。

国家水稻产业技术体系首席科学家 程式华

2021年3月30日

编者按

习近平总书记强调，“中国人要把饭碗端在自己手里，而且要装自己的粮食”。筑牢粮食根基，才能发挥其经济社会发展“压舱石”的作用。“十四五”时期经济社会的发展要以推动高质量发展为主题。新时代新阶段农业的发展必须贯彻新发展理念，必须高质量发展。促进稻米产业高质量发展，优质高效将是重要导向。从全国绿色稻米发展的水平来看，仙居县优质稻米产业起步较早，发展较好，在绿色稻米生产基地的建设、优质稻米品种的选择与利用、壮秧培育和大田栽培技术、养殖稻作高产技术、肥料和农药减量与高效利用技术、优质稻米加工与贮藏技术以及质量保证措施等方面，形成了具有仙居特色的绿色稻米生产体系和管理经验。站在稻米产业转向高质量发展的历史关口，总结县域优质稻米产业发展的历史经验，系统谋划优质稻米产业发展的思路和格局，对新时期农业农村的产业发展和乡村振兴具有十分重要的意义。在这样的历史背景下，系统梳理仙居县发展优质稻米产业的历史经验，显得尤为必要。

本书较为系统地整理了仙居县近20年在发展优质稻米产业上的一些做法，既有理论分析，又有实践经验的总结。“仙居县概况”简要介绍了仙居县区域环境和经济社会发展情况；“优质稻米概述”阐述了国内外优质稻米产业的现状以及仙居县发展优质稻米产业的优势；“仙居县优质稻米产业发展历程”概述了仙居县优质稻米产业的几个重要发展阶段及取得的成就；“仙居县优质稻米产业的发展经验”从产业规划、科技支撑、品牌营销和市场监管等方面系统介绍了仙居县在发展优质稻米产业中一些较好的做法和经验；“仙居县优质稻米产业发展存在的问题和对策”主要梳理了仙居县在发展优质稻米产业过程中碰到的困难、破局的思路和解决的策略；“附录”部分收录了若干篇关于仙居县发展优质稻米产业的工作总结报告、地方标准规范和相关科技论文等。

参与编写《从下汤到杨丰山——仙居县优质稻米产业发展之路》一书的人员，均为长期从事仙居县水稻产业发展的科技人员和管理干部。一定程度上，本书是仙居县广大农技人员和基层政府在发展优质稻米产业之路上的经验总结。相信本书的出版，可以为广大农业科研人员、农业院校师生、农技推广人员以及稻米产业的从业人员提供有益的参考，为美丽中国梦的构建和美丽乡村建设，贡献出仙居的一份力量。中国水稻研究所在仙居县优质稻米产业开发上一直给予大力支持和帮助，在此深表感谢！书中插图除标注作者和提供者外，余为朱贵平或其同事拍摄，对他们的辛勤付出谨致谢意。由于编者水平所限，本书难免存在不足之处，敬请各位专家、读者和朋友们提出宝贵的意见和建议！

编　者

2021年1月

目录

第一章　仙居县概况

第一节　区域概况

仙居县地处括苍山脉，为浙江省台州市西大门，介于东经120°17′06″～120°55′51″、北纬28°28′14″～28°59′48″。行政区划隶属于台州市，东邻临海市、黄岩区，南接永嘉县，西邻缙云县，北连磐安县和天台县。境内南北直线距离为57.6km，东西直线距离为63.6km，县域面积2 000km^2，其中丘陵山地（1 612km^2）占全县80.6%，有“八山一水一分田”之说，是国家级生态县，也是浙江省重要生态功能区。

仙居是历史文化悠久、人杰地灵的千年古城。仙居历代人才辈出，是晚唐著名诗人项斯、宋代世界上第一部食用菌专著《菌谱》作者陈仁玉、元代诗书画三绝的大书画家柯九思、明代勇斗严嵩的左都御史吴时来等人的故乡。仙居文化积淀深厚，境内有距今1万多年的下汤文化遗址、国内八大奇文之一——蝌蚪文、中国历史文化名镇、华东第一龙形古街——皤滩古镇、宋代大理学家朱熹曾送子求学的桐江书院、春秋古越文字等，文物古迹不胜枚举。仙居还是“一人得道、鸡犬升天”“沧海桑田”“逢人说项”等成语典故的发生地。仙居民间文化艺术独树一帜、熠熠生辉，国家级非物质文化遗产针刺无骨花灯、九狮图、彩石镶嵌享誉海内外。

仙居是旅游资源丰富、景色秀丽的人间仙境。全县森林覆盖率达79.6%，有国家级风景名胜区和国家5A级旅游区158km^2，遍布奇峰异石、流湍飞瀑，是高自然度、原生态的风景名胜区，清翰林院编修潘耒游仙居后曾留言“天台幽深、雁荡奇崛，仙居兼而有之”。目前逐渐形成了以中国最美绿道——仙居绿道为纽带，串联起以游山为主要特征、被称为“浙江一绝”的大神仙居景区和响石山景区，以玩水为主要特征的永安溪漂流景区，以探林为主要特征的淡竹原始森林景区，以访古为主要特征的皤滩古镇、高迁古民居、桐江书院景点和以赏月为主要特征的景星岩景区等特色景区框架。

仙居县是产业特色鲜明、潜力巨大的创业热土。近年来，中共仙居县委、仙居县人民政府坚持以科学发展观为统领，全面贯彻落实中央、省、市的工作部署，开拓创新，克难攻坚，狠抓产业转型升级，使全县经济社会保持了较快发展。工业方面，形成了医药化工、工艺美术、橡塑、机械四大支柱行业，仙居是甾体药物国家火炬计划特色产业基地，是全国重要的医药中间体产品出口基地县，主导产品激素类药物出口居全国第一；仙居工艺美术行业名扬海内外，是全国最大的木制工艺品基地县，荣获“中国工艺礼品之都”和“中国工艺礼品城”的称号。农业方面，仙居经农业部、国台办批准设立了浙江省首批台湾农民创业园，是财政部、农业部基层农技改革建设试点县，是全国休闲农业与乡村旅游示范县，是浙江省“三位一体”农业公共服务体系建设试点县，已形成杨梅、三黄鸡、绿色蔬菜、绿色稻米等主导产业，荣获“中国杨梅之乡”“中国有机茶之乡”称号。服务业方面，在旅游休闲产业蓬勃发展的同时，仙居的景观房产、商贸流通、现代物流、总部经济、金融服务、文化创意、养老服务等新兴服务业正在加快发展。

全县公路总里程达1 751.19km。自2009年台金高速与诸永高速交会后，仙居的区位条件、交通环境得到明显改善，基本形成了以322省道为主动脉，台金、诸永高速公路为主骨架，县乡道、村康庄路为支撑的交通网络，已成为浙中地区的交通枢纽。目前，仙居对周边发达地区的三小时路程辐射区已形成。仙居离省会城市杭州2.5h车程，距沿江港口宁波北仑港1.5h车程，至中国小商品城义乌1h，到市政府所在地椒江只需40min。同时，全县已基本实现村村通公路的目标，等级公路通村率达到93.8%，路面硬化率达到100%，大大推动了农村经济的发展。金台铁路2020年底通车，杭温高铁计划2023年建成通车。随着金台和杭温两条铁路的建成，仙居的区位条件将明显改善，与上海、杭州、宁波、温州等大中城市的连接将更加紧密。

2018年10月，仙居县入选2018年度全国投资潜力百强县市、全国绿色发展百强县市、全国农村一二三产业融合发展先导区创建名单；同年12月，荣获第二批国家生态文明建设示范市县。2019年度蝉联全国投资潜力

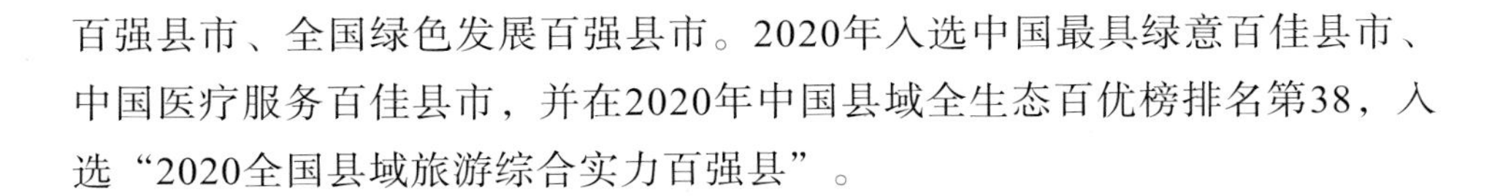

百强县市、全国绿色发展百强县市。2020年入选中国最具绿意百佳县市、中国医疗服务百佳县市，并在2020年中国县域全生态百优榜排名第38，入选“2020全国县域旅游综合实力百强县”。

第二节　地质地貌

仙居县地处华南褶皱系浙东沿海火山岩带中部，中生代以来强烈的火山喷发活动、岩浆活动和沉积作用，形成了大面积裸露的晚侏罗纪和白垩纪火山沉积岩地层。地质构造复杂，以断裂为主。全县断裂纵横交叉，新华夏系构造为主要构造骨架。

仙居县地势从外向内倾斜，略向东倾。县境周围均为山地，中夹少量丘陵、盆地和河谷平原，属壮年期至老年期地貌。地表分割强烈，原始地面已被完全破坏，河谷切割深邃，分水岭狭窄，沟谷密布；局部河谷开始展宽，曲流开始发育，残丘出现。各种地貌特征反映出各种不同的地质现象和构造、岩性特点。按其形态可分为山地、丘陵、平原、盆地等，按其成因可分为构造地貌、侵蚀地貌、堆积地貌等。

仙居县总体上属较典型的低山丘陵地貌，境内北有大雷山、南有括苍山，两大山系自东向西延伸，接于缙云，两大山系之间形成永安溪干流河谷平原。全县山地面积占81%，其中海拔1 000m以上的山峰有109座，括苍山脉主峰米筛浪海拔1 382.4m，号称“浙东第一峰”；平原占11%，主要分布于永安溪干流中部，以横溪八都垟片、田市白塔片、官路城关片和杨府下各片4个河谷平原为最大。

第三节　气象条件

仙居县属亚热带季风气候，气候温暖，降水充沛，日照充足，四季分明。春季气温开始波浪式回升，雨水逐渐增多，有的年份受北方强冷空气影响，产生严重低温阴雨倒春寒天气。夏季开始多为阴雨连绵，俗称“梅雨”，是仙居县一年中降水最多的时期。进入盛夏后，受副热带高压影响，以晴热少雨天气为主，但也受到台风和雷雨影响。秋季气温下降，以晴朗凉爽天气为主。冬季天气晴冷。年平均气温17.2℃，1月最低，平均5.6℃，7月最高，平均28.5℃，极端最低气温-9.9℃，极端最高气温41.2℃。年日照时数1 932.6h，10℃以上活动积温5 450.2℃。年降水量1 644.4mm，呈双峰型分布，前峰为梅雨，后峰为秋雨，降水的空间分布不均匀，南部多于北部，东部多于西部。全年无霜期240d，常年11月下旬初霜，3月下旬终霜。由于光热资源丰富，可满足多种农作物的生长，对农业发展极为有利，气候条件特别适宜水稻等粮食作物生长。

仙居县的自然灾害主要有台风、洪涝和干旱，台风、洪涝一般发生在每年的7—9月，干旱也发生在每年的7—8月。进入20世纪以后，由于绿化造林消灭了荒山，森林植被增加，森林覆盖率提高，水源涵养能力增强；加上永安溪上游下岸水库工程建设竣工，拦洪调蓄能力提高，虽然台风时有发生，但洪涝、干旱等自然灾害已逐年减轻。区域优越的自然环境，为优质稻米生产提供了得天独厚的生态环境条件。

第四节　农业环境

一、土壤环境

（一）土壤类型分布与特征

根据第二次土壤普查资料，境内土壤有土类5个，亚类10个，土属37个，土种130个。其中，水稻土土类面积42.74万亩（1亩≈667m^2），占全县土壤总面积的14.6%，是在各种母质或土壤上，通过耕作、灌溉、施肥，经历还原淋溶和氧化淀积等作用，引起土壤物质的移动和重新分布，形成特有的发生层次的一类土壤。

1. 水稻土亚类

（1）渗育型水稻土亚类。面积11.98万亩，占水稻土的28%，主要分布在丘陵和山地的山坡及台地，耕性好，宜耕期长，适种性广。

（2）潴育型水稻土亚类。面积30.33万亩，占水稻土的71%，是仙居主要的水稻土类型，主要分布在溪流冲积谷地及山前垄地，地下水位一般在1m以下。

（3）潜育型水稻土亚类。面积0.44万亩，占水稻土的1%，零星分布在河谷平原和丘陵地区的洼地、洪积扇前缘及山垄等部位，由于地下水位高或地表长期渍水，比较适合种植茭白等经济作物。

2. 其他土壤类型

（1）红壤土类。红壤土类面积189.44万亩，占全县土壤总面积的64.6%，其中，红壤亚类面积11.64万亩，占红壤土类的6.15%；黄红壤亚类面积114.22万亩，占红壤土类的60.29%；侵蚀型红壤亚类面积63.58万亩，占红壤土类的33.56%。

（2）黄壤土类。黄壤土类面积45.27万亩，占全县土壤总面积的15.4%，其中，黄壤亚类面积36.53万亩，占黄壤土类的80.7%；幼黄壤亚类面积8.74万亩，占黄壤土类的19.3%。

（3）岩性土类。岩性土类面积4.41万亩，占全县土壤总面积的1.5%，大多分布在海拔几十米至400m的丘陵中。

（4）潮土类。潮土类面积11.27万亩，占全县土壤面积的3.9%，分布在河谷平原。

（二）耕地地力

仙居县耕地土壤类型以红壤为主，占全县土地总面积的64.6%，水稻土次之，占全县土地总面积的14.6%，有少量耕地属黄壤、岩性土。根据耕地生产性能综合指数（IFI）采用等距法，并按照2008年末耕地20.88万亩面积来分级，可将耕地地力划分为六个等级：一级地力耕地面积为0；二级地力耕地面积为0.64万亩，占总耕地面积的3.1%；三级地力耕地面积8.6万亩，占总耕地面积的41.2%；四级地力耕地面积9.33万亩，占总耕地面积的44.7%；五级地力耕地面积2.18万亩，占总耕地面积的10.4%；六级地力耕地面积0.12万亩，占总耕地面积的0.6%。二级地力耕地是仙居县高产耕地，三级、四级地力耕地为中产耕地，五级、六级地力耕地则属于全县低产耕地。

高产耕地主要分布在河谷平原，中低产耕地在全县各地均有分布。仙居县高产耕地面积较少，占全县耕地总面积的3.1%；中产耕地面积较大，共有17.94万亩，占全县耕地总面积的85.9%；低产耕地面积较少，仅2.30万亩，只占全县耕地总面积的11%。

（三）土壤养分

仙居县耕地有机质含量中等偏低，有效磷、速效钾含量中等，均存在变异性较大的状况。

有机质含量中等偏低，分布极不均匀。全县有机质含量在30g/kg以上仅3.88万亩，占耕地总面积的18.6%；含量为25～30g/kg的有7.12万亩，占耕地总面积的34.1%；25g/kg以下的有9.88万亩，占耕地总面积的47.3%。

全县土壤全氮平均含量1.56g/kg，最高的达28.1g/kg，最低只有0.18g/kg，比二次普查时的平均值（2.77g/kg）下降了1.21g/kg，下降43.68%，说明仙居县土壤含氮量不高，且呈下降趋势。全氮含量小于1.0g/kg的有1.93万亩，占耕地总面积的9.2%；含量1.0～2.0g/kg的有17.28万亩，占耕地总面积的82.7%；大于2.0g/kg的有1.68万亩，占耕地总面积的8.1%。

有效磷含量中等。有效磷含量大于40mg/kg的有8.25万亩，占总面积的39.5%；含量为20～40mg/kg的有8.12万亩，占总面积的38.9%；含量在20mg/kg以下的只有4.5万亩，仅占总面积的21.6%。

速效钾含量中等。耕地速效钾含量在100mg/kg以上的有12.18万亩，占58.3%；80mg/kg以下仅3.5万亩，占16.8%。

（四）土壤其他属性

仙居县土壤呈酸性，各土属间、各地貌类型的土壤pH值接近。

全县土壤容重变化幅度为0.81～1.32g/cm^3，平均值为1.11g/cm^3。

（五）面源污染

主要污染源为种植业污染源（肥、农药、农膜、秸秆等）、养殖业污染源（畜禽和水产养殖等）和农村生活污水。

（六）水土流失

根据《浙江省第四次应用遥感技术普查水土流失成果》，仙居县水土流失面积达294.49km^2，其中轻度以上水土流失面积186.64km^2。通过实施生态修复、坡改梯、坡面径流调控、营造经济林、水保林等措施，近年来水土流失面积逐年减少。

二、水环境

仙居县水资源量相当丰富，县域内水资源总量为24.1亿m^3，其中地表水资源总量为20.95亿m^3，地下水资源总量为2.21亿m^3，人均水资源量5 193m^3，相当于全国人均水资源量的两倍。全县大小河道2 143条，河道总长度2 513.1km，水域容积61 724.8万m^3，河流及河流湿地面积9 358hm^2，全县已建大小水库200多座，蓄水工程总库容2.31亿m^3；山塘3 028处，蓄水量8 337.2万m^3。水资源保护较好，目前永安溪中上游水质仍保持在一类标准。

永安溪为本县域的主河道，全长超过60km，两岸支流很多，流域面积在10km^2以上的支流有28条，较大的有朱溪港、十三都坑、北岙坑、九都坑等。

朱溪港流域面积374.6km^2，溪长48.4km。发源于上张乡方山村林坑，自南向北经方山村，转向东，经梅岙、溪口、朱溪、双庙、大战，在下各镇下张村注入永安溪，为第一大支流。

十三都坑流域面积222.2km^2，溪长40.8km。发源于淡竹乡雷公岗，流经上井、黄坦、淡竹、辽车、尚仁、圳口，于白塔镇后应村附近注入永安溪，为第二大支流。

仙居县水环境质量状况总体较好，各个断面各项指标年均值能够达到或超过生产生活的要求。其中曹店、官屋为Ⅰ类水质，茶溪、柴岭下、河埠、永安、圳口、盂溪、下张等站位均为Ⅱ类水质，黄良陈站位水质略差。总体上，仙居县地表水水质较好，无超标水质出现。

三、大气环境

仙居县大气环境质量现状可参考2008年大气质量常规监测结果，监测项目为SO_2、NO_2和PM_{10}。从监测的结果来看，当地的大气监测项中的SO_2、NO_2、PM_{10}的年均值均达到空气环境质量二级标准。此外，根据2005—2008年的大气环境质量监测结果，仙居县环境空气质量一直保持在较好的水平。

根据基地农业环境现状分析，区域环境空气质量良好，因此本区农业环境空气质量可免测，适宜发展绿色食品。

第五节　社会经济环境

仙居县辖安洲、南峰、福应3个街道，横溪、埠头、白塔、田市、官路、下各、朱溪7个镇，安岭、溪港、湫山、淡竹、皤滩、上张、步路、广度、大战、双庙10个乡，311个行政村，21个社区，行政区域土地面积2 000km^2。

一、人口和经济状况

2019年末全县户籍人口519 629人，其中男性人口268 872人，女性人口250 757人，男女性别比为107.2∶100。全年共出生5 783人，死亡3 121人，人口出生率为11.15‰，死亡率为6.02‰，人口自然增长率5.13‰。据2019年5‰人口变动抽样调查，年末全县常住人口35.7万人，城镇人口比重为59.4%。2019年全县实现地区生产总值249.20亿元，按可比价格计算，比上年增长5.2%。其中，第一产业增加值15.62亿元，与上年持平；第二产业增加值109.02亿元，增长6.3%；第三产业增加值124.56亿元，增长4.8%。三次产业结构调整为6.3∶43.7∶50.0。按户籍人口计算人均生产总值为48 061元（按年平均汇率折算为6 967美元），比上年增长4.7%。按常住人口计算人均生产总值为69 804元（按年平均汇率折算为10 119美元），比上年增长4.7%。

二、土地利用概况

仙居县土地总面积300万亩。林业用地235.35万亩，人均4.53亩；耕地面积为21.61万亩，人均不到0.5亩，其中水田18.39万亩，旱地3.22万亩；园地14.66万亩；水域10.8万亩，其中河流水面4.5万亩，滩地6.3万亩；未利用地23.6万亩；居民及工矿用地1.55万亩；交通用地1.8万亩。

《仙居县土地利用总体规划（2006—2020年）》提出，仙居县以永安溪为发展主轴线，形成以县城为核心，以横溪、白塔、下各3个中心镇为发展组团的“一轴一核三组团”城镇体系基本格局。通过设置用地门槛等政策引导产业空间布局优化，引导城市建设向城区、中心镇集中，工业向经

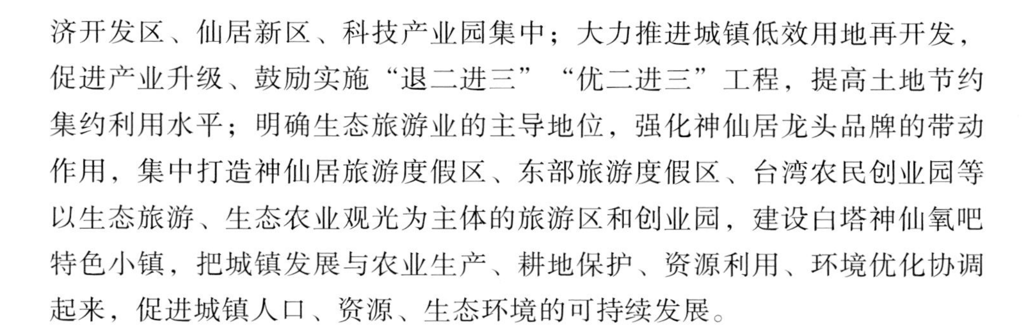
济开发区、仙居新区、科技产业园集中；大力推进城镇低效用地再开发，促进产业升级、鼓励实施“退二进三”“优二进三”工程，提高土地节约集约利用水平；明确生态旅游业的主导地位，强化神仙居龙头品牌的带动作用，集中打造神仙居旅游度假区、东部旅游度假区、台湾农民创业园等以生态旅游、生态农业观光为主体的旅游区和创业园，建设白塔神仙氧吧特色小镇，把城镇发展与农业生产、耕地保护、资源利用、环境优化协调起来，促进城镇人口、资源、生态环境的可持续发展。

三、工业概况

近年来，仙居县工业发展迅速，尤其是乡镇企业发展更为迅猛，已形成工艺美术、医药化工、机械橡塑、有色金属等主导产业。仙居是甾体药物国家火炬计划特色产业基地，是全国重要的医药中间体产品出口基地县，现有医化企业60多家，主导产品激素类药物出口居全国第一；仙居工艺美术行业名扬海内外，工艺美术产业现有企业700多家，产品远销世界100多个国家和地区，是全国最大的木制工艺品生产基地，荣获“中国工艺礼品之都”和“中国工艺礼品城”的称号。

2019年全县实现工业增加值85.54亿元，按可比价格计算，比上年增长7.0%。其中，规模以上工业企业164家，实现工业增加值55.18亿元，增长5.5%。分行业看，规模以上工业24大行业增加值17升7降，五大支柱行业3升2降。其中，化学原料和化学制品制造业、医药制造业以及电力、热力生产和供应业分别实现增加值4.31亿元、17.17亿元和7.54亿元，比上年增长14.7%、8.7%和3.2%；文教、工美、体育和娱乐用品制造业，橡胶和塑料制品业分别实现增加值4.53亿元和8.46亿元，下降4.8%和5.3%。企业产销衔接良好，全县规模以上工业企业实现销售产值190.41亿元，比上年增长3.9%，产销率达97.7%。企业效益稳步向好，实现利税25.29亿元，比上年增长6.5%；实现利润18.68亿元，增长13.8%。

目前，仙居县以仙居经济技术开发区为主体，形成了核心区块（含现代工业区块、永安工业区块、工艺小微园区区块等）、工艺品城区块、白塔区块、横溪区块等六大区块。核心区块重点发展现代医药、电子电器、橡塑制造、机械装备以及新能源、新材料等产业，城南医药企业规划整体有序搬迁至现代工业区中；工艺品城区块与文创产业融合，重点发展家居用品、文化创意产品、特色旅游纪念品的加工制造；白塔区块重点发展医疗器械产业；横溪区块重点发展新材料、新能源、高端装备制造、医药制造、医疗器械制造、电子电器等产业。

第六节　农业农村概况

仙居农业以生产竹木、粮食、蔬菜、水果、畜牧、水产六大主导产业为主，名特优农产品有杨梅、仙居鸡、绿色稻米等，特别是杨梅产品享誉国内外，种植面积达到10万亩以上。作物种植以水稻、油菜、玉米、蔬菜、番薯、小麦、马铃薯、大豆等为主。近年来仙居县委县政府对发展生态农业、绿色农产品和建立农产品安全体系非常重视，农业公共服务体系建设走在全国前列，享有“中国杨梅之乡”“中国有机茶之乡”“浙江山茶油之乡”的美誉。2010年，实现农业总产值16.63亿元，比上年增长6.3%；农作物播种面积53.13万亩，其中，粮食播种面积30.23万亩，粮食总产量10.63万t。

仙居农业依托得天独厚的生态环境优势，努力调整农业结构，并把发展绿色稻米生产作为发展绿色农业的重头戏来抓。2007年开始在横溪镇八都垟片创建了高标准、高起点的绿色稻米生产基地，基地和产品在省内率先通过绿色认证。2007年示范推广绿色稻米面积5 080亩，2008年1.26万亩，2009年5.01万亩，绿色稻米基地面积逐年扩大。在建立绿色稻米基地的同时，培育了一批农业合作社，并成功引进了台州市稻香村农业科技发展有限公司，形成了集生产、加工、销售于一体的绿色稻米产业化体系。全县农业生产稳步增长，农民收入稳步上升。农林牧渔业总产值23.04亿元，其中，农业产值16.47亿元，林业产值2.42亿元，牧业产值3.33亿元，渔业产值0.61亿元。

现代农业加快发展，列入省级现代生态循环农业整建制推进县、省级农业绿色发展先行县，启动实施“二二三”示范性农业全产业链提升工程，“神仙居”区域绿色农业公用品牌正式启用，完成省级仙居鸡示范性全产业链创建，新建成省级美丽牧场2个，入选浙江“最美田园”3个，步路乡在全市率先列入国家农业产业（杨梅）强镇创建名单。农旅融合深入推进，入选首批全国农村一二三产业融合发展先导区创建名单，新增省A级景区村庄39个、省休闲旅游示范村2个、市乡村旅游示范点6个，成功举办油菜花节、杨梅节等农事节庆，“四季花海”影响力不断提升。新引进落地高端民宿5个，农家乐（民宿）床位数增至7 500张，位居全市首位。

仙居县新农村建设成效显著。深入推进“千村示范、万村整治”工程，新创成市级美丽乡村示范乡镇2个、市级精品村3个。全面推进美丽庭院创建，完成“美丽庭院”家庭户1.5万户，创成“美丽庭院”示范村31个。全面实施美丽乡村治理“三绿”模式，得到浙江省委书记车俊同志批示肯定，入选新时代“枫桥经验”实践100例。全域推进农村生活垃圾分类“三化”处理，农村垃圾分类工作排名全市前列，新增垃圾分类省级试点村10个、市级示范村6个。全面完成297个集体经济薄弱村消除任务。开展第二轮全县农村危旧房拉网式动态排摸，共排查79 084户，排查出安全隐患农村危旧房7 067户，目前治理改造完成率达99.4%。改造农村D级危旧房1 551户，被评为全省农村危房治理改造优秀县。完成地质灾害隐患点治理34处，移民875人。

仙居县先后被评为全国基层农技改革与建设示范县、全国休闲农业与乡村旅游示范县、全国新型职业农民培育示范县；入选首批全国农村一二三产业融合发展先导区创建名单；获批农业部“化肥减量增效示范县”和“粮食绿色高质高效创建示范县”；仙居油菜花观光带、杨梅观光带、下各镇葵花景观带荣获“中国美丽田园”称号，被授予“中国杨梅之乡”“中国有机茶之乡”等称号；仙居鸡在《中国家禽品种志》排名首位，有“中华第一鸡”美誉；仙居县杨梅栽培系统成功入选第三批中国重要农业文化遗产。仙居县成为全省首批省级现代生态循环农业示范县、省级农业绿色发展先行县、省级农产品质量安全放心示范县、省级农业标准化生产示范县、省级现代生态循环农业整建制推进县、全省重大农业植物疫情防控工作优秀县。农业综合执法工作获得时任浙江省委书记车俊、台州市委书记陈奕君批示肯定。

仙居县农业农村情况详见表1-1。

表1-1　仙居县农业农村情况（2020年）

项目	规模
总人口	51.74万人
乡村人口	34.29万人
地区生产总值	230.11亿元
农业生产总值	23.04亿元
农产品加工业产值	29.55亿元
耕地面积	38.07万亩
牲畜出栏	10.72万头
禽类出栏	167.96万只
水产养殖面积	1.84万亩
各类农业产业化组织	833个
龙头企业	96个
与龙头企业对接农民专业合作社	689个
专业市场	9个
专业大户	2 150户
家庭农场	247个
农民人均纯收入	20 970元

第二章 优质稻米概述

第一节 优质稻米的内涵

优质稻米是指采用优质品种种植生产的符合国家优质稻谷标准《优质稻谷》（GB/T 17891—2017）三级以上，卫生质量符合相应国家质量标准的大米。因此，优质稻米的定义包含了稻谷的品质和稻米的卫生质量两方面的要求。稻谷品质方面，优质稻谷分为优质籼稻谷和优质粳稻谷两类。优质稻谷质量指标见表2-1，其中整精米粒、垩白度、食味品质为定级指标，直链淀粉含量为限制指标。稻米的卫生质量应符合GB 2715、GB 2761、GB 2762、GB 2763及国家有关规定。

由于水稻的用途比较单一，85%直接用于食用，优质大米最重要特征是要求食味好。在国际和国内市场不同食味品质的稻米的商品差价较大。例如，优质食味粳米，一般具有以下特点：米饭外观透明有光泽，粒形完整；无异味，具有米饭的特殊香味；咀嚼饭粒有软、滑、黏及弹力感，咀嚼不变味，有微弱甜味。从定义上看，优质稻米等于广义上的无公害稻米，包含无公害稻米、有机稻米和绿色（食品）稻米三类。这三类稻米对环境和生产条件要求不同，各地发展哪一类优质稻米，取决于当地的稻谷环境和生产条件（张益彬等，2003）。

有机稻米的概念提出较早。有机稻米的生产依赖自然的农业作业方式，严禁使用化学合成物质和转基因技术，且生产出来的产品需要得到独立有机食品认证机构的认证。无公害稻米是指水稻在良好的生产条件下，不受农药和重金属物质的污染，生产出的稻米中不含超标的环境污染物，质量标准符合规定的稻米产品。绿色（食品）稻米是指按照特定农业生产方式，经相关机构认证后，许可使用绿色食品标志商标的优质大米。依据安全性和认证指标，绿色（食品）稻米分为AA级和A级两个等级。AA级

表2-1　优质稻谷质量标准

类别	等级	整精米粒（%）			垩白度（%）	食味品质分	不完善粒含量（%）	水分含量（%）	直链淀粉含量（干基）（%）	异品种率（%）	杂质含量（%）	谷外糙米含量（%）	黄粒米含量（%）	色泽气味
		长粒	中粒	短粒										
籼稻米	1	≥56.0	≥58.0	≥60.0	≤2.0	≥90	≤2.0	≤13.5	14.0 ~ 24.0	≤3.0	≤1.0	≤2.0	≤1.0	正常
	2	≥50.0	≥52.0	≥54.0	≤5.0	≥80	≤3.0							
	3	≥44.0	≥46.0	≥48.0	≤8.0	≥70	≤5.0							
粳稻米	1		≥67.0		≤2.0	≥90	≤2.0	≤14.5	14.0 ~ 20.0					
	2		≥61.0		≤4.0	≥80	≤3.0							
	3		≥55.0		≤6.0	≥70	≤5.0							

注：垩白是指米粒胚乳中的白色不透明部分，包括腹白、心白和背白。垩白度是指垩白米粒的垩白面积总和占试样米粒面积总和的百分比。

绿色稻米在生产的过程中严禁使用化学合成的农药和化肥，而A级绿色稻米则是限量使用这些物质。尽管优质稻米有不同的类型，但都是以环保、安全和健康为目标的（表2-2）。

第二节　影响优质稻米品质的因素

优质稻米的品质与稻谷的品种、生长环境、栽培技术、收割、干燥与储藏加工方法等诸多因素有关。

一、品种

品种是稻米品质的决定因素。好大米品种除了考虑稳产、抗性、适性外，还要考虑稻米整精米率、垩白度、直链淀粉含量、胶稠度和食味品质等指标。因此，应因地制宜选择适合本区域种植的品种并防止品种退化。

二、生长环境

生长环境主要体现在土壤、温度、光照、水源等方面。

土壤是水稻生长过程中物质与能量交换的重要基质，其物理性质（土壤质地、结构、孔隙度等）、化学性质（土壤酸度、有机质含量、矿物质含量等）和生物性质（土壤动植物、微生物的种类和丰度等）直接影响稻米品质（杨建春等，2020）。例如，冲积层土壤和第三层土壤生产出来的稻米食味好，泥炭土壤上生产的稻米食味不良，黏性降低（潘长虹等，2020）。

在气候因素中，温度对稻米品质影响很大。据研究，优质稻米形成的关键期是孕穗后期，尤其是灌浆时段直接影响稻谷品质。抽穗开花灌浆阶段的高温不仅显著地缩短稻米成熟天数，而且由于高温造成成熟后期糙米充实不良，增加碎米率，降低整精米率，同时高温使稻米糠层加厚，降低精米率。在一定温度范围内，稻米整精米率随最高温、日均温和最低温的升高呈先增加后减少的趋势。据试验，在长江中下游地区，当水稻灌浆期最高温在29.66～30.74℃、日均温在24.85～25.95℃、最低温在20.87～22.23℃时，水稻整精米率可达最高。适宜优质稻谷形成的灌浆温度为日均温21～26℃，

表2-2　有机稻米、无公害稻米和绿色（食品）稻米

项目	有机稻米	无公害稻米	绿色（食品）稻米
提出时间	1972年	1980年	1990年
技术体系	有机农业生产体系，靠自然调节和系统内物质与能量平衡。严禁使用化学合成物质和转基因技术，依靠品种选育技术、农业、物理和生物技术	现代技术综合运用，是现代化的优质、高产、高效农业。合理使用人工合成化学物质	生态农业与现代农业结合，以农业、物理、生物技术为主，化学技术为辅，协调运用，控制使用人工化学合成物质
产地环境总体要求	洁净、无污染。至少3年未使用人工合成化学物质	环境良好，对大气、水体、土壤理化性质无严格要求	大气、水体、土壤等质量标准当年检测符合标准
产地环境空气质量要求	二氧化硫（mg/m^3）为0.02（年平均） 二氧化氮（mg/m^3）为0.04（年平均） 一氧化碳（mg/m^3）为4.00（日平均） 臭氧（mg/m^3）为0.12（时平均） 铅（$\mu g/m^3$）为1.00（年平均），1.50（$\mu g/m^3$）（季平均） 氟化物［$\mu g/(dm^2 \cdot d)$］为3.0（月平均），2.0（植物生长季平均）	二氧化硫（mg/m^3）为0.25（日平均） 氟化物（$\mu g/m^3$）为7（日平均）	二氧化硫（mg/m^3）为0.15（日平均） 氮氧化物（mg/m^3）为0.10（日平均） 氟化物（$\mu g/m^3$）为7（日平均）
灌溉水质量要求	pH值5.5～8.5 总汞（mg/L）≤0.001 总镉（mg/L）≤0.005 总砷（mg/L）≤0.05	pH值5.5～8.5 总汞（mg/L）≤0.001 总镉（mg/L）≤0.01 总砷（mg/L）≤0.05	pH值5.5～8.5 总汞（mg/L）≤0.001 总镉（mg/L）≤0.005 总砷（mg/L）≤0.05

（续表）

项目	有机稻米	无公害稻米	绿色（食品）稻米
灌溉水质量要求	六价铬（mg/L）≤0.10 总铅（mg/L）≤0.10 氟化物（mg/L）≤2.0 硫酸盐（mg/L）≤250 硫化物（mg/L）≤1.0 石油类（mg/L）≤5.0 有机磷农残（mg/L）不得检出 六六六（mg/L）不得检出 DDT（mg/L）不得检出 大肠菌群（个/L）≤10 000	六价铬（mg/L）≤0.10 总铅（mg/L）≤0.10 石油类（mg/L）≤5.0 挥发酚（mg/L）≤1.0	六价铬（mg/L）≤0.10 总铅（mg/L）≤0.10 氟化物（mg/L）≤2.0
土壤环境质量要求	总镉（mg/kg）≤0.142 总汞（mg/kg）≤0.183 总砷（mg/kg）≤10.0 总铅（mg/kg）≤34.4 六价铬（mg/kg）≤65.8 总铜（mg/kg）≤25.3 有机磷农残（mg/kg）不得检出 六六六（mg/kg）不得检出 DDT（mg/kg）不得检出	总镉（mg/kg）≤0.30/0.30/0.60 总汞（mg/kg）≤0.30/0.30/0.60 总砷（mg/kg）≤30/25/20 总铅（mg/kg）≤250/300/350 六价铬（mg/kg）≤250/300/350 （注：三个值分别代表pH值<6.5～7.5，pH值=6.5～7.5和pH值>7.5条件下含量限值）	总镉（mg/kg）≤0.30/0.30/0.40 总汞（mg/kg）≤0.30/0.40/0.40 总砷（mg/kg）≤20/20/15 总铅（mg/kg）≤50/50/50 六价铬（mg/kg）≤120/120/120 总铜（mg/kg）≤50/60/60 （注：同左）

（续表）

项目	有机稻米	无公害稻米	绿色（食品）稻米
有害生物防治	采用农业综合防治及各种物理、生物和生态措施，禁止使用化学合成农药	提倡生物防治和使用生物农药防治，限量使用高效、低毒、低残留农药，禁用高毒、高残留农药	在生产过程中不使用或限量使用限定的化学合成农药，积极采用物理、生物防治技术
土壤肥力来源	禁止使用化肥和生长调节物质。允许没有污染的绿肥和作物残体、泥炭、秸秆及其他类似物质，经过高温堆肥等方法处理后，没有虫害、寄生虫和传染病的人粪尿和畜禽粪便可作为有机肥料使用	限量使用化肥，允许使用A级绿色食品稻米生产使用的肥料种类，以及其他肥料。禁止使用未经国家或省级农业部门登记的化学或生物肥料	AA级：禁止使用化肥。允许使用堆肥、沤肥、厩肥、沼气肥、绿肥、作物秸秆肥、泥肥、饼肥等农家肥料，AA级绿色食品稻米生产资料肥料类产品，允许商品有机肥料、腐植酸类肥料、微生物肥料、有机复合肥、无机肥料、叶面肥料、有机无机肥等商品肥料 A级：允许使用少量化肥以及A级绿色食品稻米生产资料肥料类产品，允许使用掺和肥
质量认证	国际有机农业运动联盟（IFOAM） 中国有机食品发展中心（OFDC） 国际有机作物改良协会（OCIA）	省级无公害农产品管理和认定部门	中国农业部绿色食品发展中心
标志符号	有机（天然）食品标志	无公害食品标志	绿色食品标志
市场	主要市场在欧洲、美国、日本等经济发达国家	国内市场为主	主要市场在国外及国内大中城市

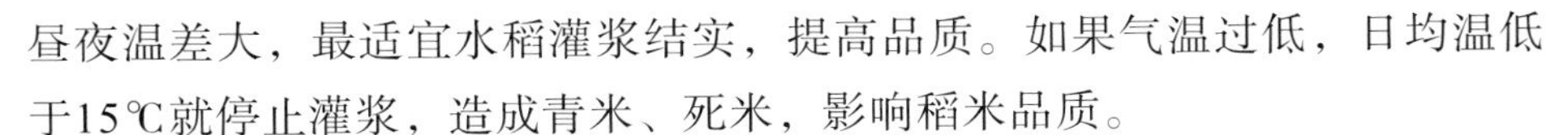

昼夜温差大，最适宜水稻灌浆结实，提高品质。如果气温过低，日均温低于15℃就停止灌浆，造成青米、死米，影响稻米品质。

在灌浆期光照不足，会造成碳水化合物积累少，籽粒充实不良，粒重下降，青米多，加工品质变劣，同时也会使蛋白质和直链淀粉含量增加，引起食味下降。日照时数与糊化温度、胶稠度一般呈正相关，与直链淀粉含量呈负相关。结实中后期如果光照不足，蛋白质含量和直链淀粉含量增加，引起食味下降。

水源也会影响稻米品质。水质不合格会影响稻米的生长发育，以及导致稻米中的重金属含量超标。稻米品质对水分表现最敏感的时期是水稻结实成熟期。稻谷结实期断水过早，会导致稻米外观品质变差，未成熟米粒、碎米粒、腹白米增多（帅强等，2017）。

三、栽培技术

在各栽培措施中，氮肥的施用对稻米品质的影响最为突出。研究显示，精米中的蛋白质含量和食味呈负相关性，优质食味稻米粗蛋白的含量不超过7%；稻米的粗蛋白含量与所施用化肥中的氮素含量呈正相关关系。因此，在稻谷生长中后期控氮，可提高品质。尽管在抽穗期施用氮肥能降低稻谷的腹白粒率，但同时能提高籽粒中蛋白质含量，这也是导致大米食味降低的主要原因。有机肥则能保持土壤养分全面，有效提高稻米食味品质和外观品质。

灌水情况对稻米品质也有一定的影响，开花至成熟时期，土壤水分保持饱和状态，有利于稻米的外观品质与加工品质的提高，但对于稻米蒸煮食味品质与营养品质均不利。

病虫草害会严重影响稻米的产量和品质。尤其是稻谷生长后期施用残毒较高的农药，会造成稻米中农药残留量过高。

四、收割、干燥与储藏

收获时机会显著影响稻米品质。一般早熟品种抽穗后30～35d收割，中熟品种抽穗后40～45d收割，碾米时精米率高，食味也最好。过早收获会导致青死米和未熟粒数量增多、稻米粗蛋白含量高、饭粒偏硬、品味降低。而迟收会导致米粒裂痕增多，光泽度低，易断裂，香味和黏度降低（李斌等，2017）。

水稻是一种热敏性的谷物，未堆积发热情况下自然晒干的稻米品质优于机械烘干，现代集约化种植模式下主要靠机械烘干。烘干稻谷温度应控制在38～40℃。干燥结束时，水分含量控制在15%左右最佳，水分太高不利于贮藏，过低则会导致碎米粒增加和新鲜度下降。

稻米长时间储藏会影响其品质。随着储藏时间的延长，稻米中营养物质会流失，尤其是脂质成分发生氧化，严重影响大米的口感；大米容易发霉生虫，影响质量安全。一般采用低温储藏会延缓这种劣变。

第三节　发展优质稻米生产的意义

一、保障稻米食用安全，满足人民生活质量提高的需要

稻米是我国主要的粮食，水稻播种面积占粮食作物总面积的1/3以上，总产量约占粮食总产量的40%。长江流域以南广大地区的城乡居民基本上都以稻米为主食。稻米的质量安全事关老百姓的健康福祉。工业化和城市化带来的环境污染给稻米的质量安全带来了挑战。要解决稻米安全问题，就必须对稻米生产过程进行质量控制。

另外，发展优质稻米，也是提高稻米产品品质的需要。长期以来，我国稻米生产的主要任务是满足人民的温饱问题。20世纪80年代中期以来，随着生活水平的提高，人民对稻米的色、香、味和营养等问题，提出了更高的要求。市场需求发生了重大变化，优质稻米符合了市场需求和发展趋势。因此，必须加快优质大米的生产和产业化开发，在保证稻米食用安全的基础上，生产出更好看、更好吃和更有营养的稻米。

二、保护农业生态环境，实现农业可持续发展

我国水稻产量在大幅提高的同时，对生态环境造成的负面效应正不断放大。水稻生产如果长期施用矿物质化肥，会使土壤物理性质变劣，保肥和持水能力下降，大量未被植物利用的氮、磷等元素会流入水体，造成地表水的

富营养化，进一步会影响河流和湖泊等生态系统，威胁群众的饮水安全。水稻生产过程中超标使用的农药，大部分未降解的农药会以干、湿沉降的方式汇入土壤和水体，造成土壤和水体中农药残留超标，影响下一轮稻米生产的质量安全，同时农药会造成天敌减少，稻米生产的病虫害会增加。

通过优质稻米的生产，加强稻作资源的环境保护，倡导科学的农药化肥施用，可以有效地保护和改善农业的生态环境，实现农业可持续发展。

三、提高稻米的质量档次，增强稻米市场的竞争力

中国是世界上最大的稻米生产国，但长期以来，主要是自给自足为主，稻米出口量极少。世界稻米的市场容量较小，世界稻米贸易量仅占生产总量的4%～5%，而具备大米出口国家又很多，如泰国、越南、印度和澳大利亚等国家，主要分布在东南亚。在我国加入WTO，尤其是近期签署RCEP协定后，亚太地区主要经济体之间的稻米产品贸易往来将日渐频繁，稻米出口市场的竞争将空前激烈。我国稻米产业虽然在价格上有一定优势，但是在质量上难以打入国际市场。目前，国际上对农产品质量检测要求十分严格，建立了严格的绿色技术壁垒，对农药残留和相关常规指标都有烦琐的要求。因此，为了与国外稻米市场接轨和应对优质稻米需求量的要求，必须大力发展优质稻米产业，提高我国稻米产业的国际竞争力。

四、提高稻米附加值，拓展稻米产业链条

稻米加工业的发达程度是稻米产业现代化的重要组成部分。目前我国稻米整体加工的水平薄弱，加工方式粗放，安全质量不达标，加工附加值低。稻米的附加值低，造成效益低，粗加工，稻米产业链条短。因此，通过发展优质稻米产业，实现优质品种的优质化和产业化，促进优质稻米产、加、销一体化和稻米加工副产物的开发利用，形成一定的品牌和知名度，有利于稻米产品的附加值提高，从而促进稻米加工业发展。

五、加快农业结构调整，实现农业增效和农民增收

水稻是我国南方各省城乡居民的主要口粮。近几年，各地普遍重视和发展优质水稻的生产，市场上稻谷总量压力和结构性矛盾明显缓解。优质

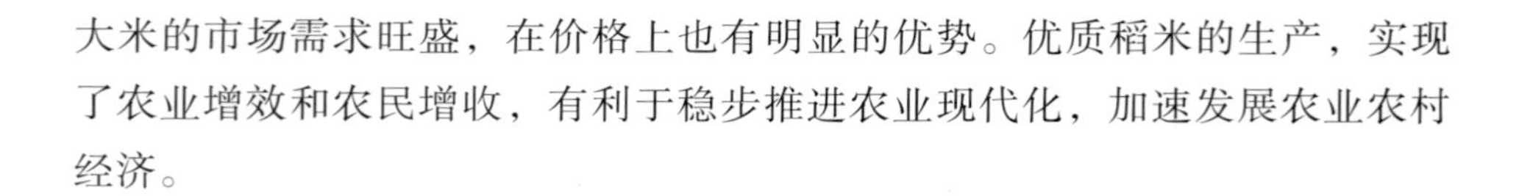

大米的市场需求旺盛，在价格上也有明显的优势。优质稻米的生产，实现了农业增效和农民增收，有利于稳步推进农业现代化，加速发展农业农村经济。

第四节　国内外优质稻米生产现状

一、国外优质稻米的生产

世界上一些发达国家早就注重稻米安全卫生品质，其中以日本自然农业和美国有机农业为代表的技术体系（禁止使用农药、化肥、植物生长调节剂等人工合成物质）生产的有机稻米最为突出。

（一）日本优质稻米的生产

稻米种植在日本有着悠久的历史，从事农业的人口中一半以上从事稻米种植。稻米和稻米农业2 300年前由中国传入日本，日本人将稻米视为纯粹的民族共同体的标志物。日本人对于大米的坚持背后具有深刻的文化内涵，国民对国产大米有较强的崇拜感，很多产品包装上都在明显位置上印有“国产米”字样。日本对大米饮食文化高度自信，将种植、加工等全产业链重要环节升华为饮食文化行为，赋予营养美味、艺术观赏、情感交流等文化含义。大米食用方式涉及100多种饮食产品，用于亲友馈赠、外交礼仪等。以大米为原料生产的“寿司”“清酒”等日本料理，成为标志性饮食文化产品，输出到全世界。国民对大米质量安全守信负责，在种植、收购、存储、加工等全产业链各环节精益求精，以爱岗敬业、认真负责的诚信意识和精心、精细、精湛、精致的工匠精神塑造国产大米品牌（张志东，2020）。

受历史文化感染、经济价值追求和消费升级驱动，日本高度重视大米品牌培育，围绕一个核心产品去做深度挖掘，从产品定位、销售渠道定位、产品差异化的价值、文化内涵的展现、营销手段的个性化等方面丰富大米品牌的内涵，高度融合用户场景和消费心理，致力于打造自己的品牌体系。数据显示，目前日本市场上，大米品牌已达800多种，知名的有“越光”米、“滋雅”米、“瀛之光”米、“梦美人”米等，在世界范围内具有很高的竞争力和美誉度。日本在推进大米品牌化发展道路上，建立了以标准化生产和质量认证为基础，以标准制定为抓手，以产销促进和品牌推介为手段的品牌机制，形成了“政府主导、科研机构参与、社会组织推进、第三方配合”的运行机制，从产业链源头抓起，加强品牌建设要素与全产业链结构的关联性，把大米品牌建设贯穿于全产业链，深度挖掘核心产品，塑造优质大米品牌。其诸多经验和做法值得我们学习和借鉴。

一是政府主导稻米产业发展。实行计划经济生产模式，对种植面积、种植农户、稻米品种等都有严格计划性。支持各地农业科研机构研发优质稻米品种，免费向农民推广种植。组织制定涵盖稻米种植、农药化肥使用、仓储物流等全产业链的标准化体系和检测认证标准，设立食品安全委员会。扶持农业水利设施、稻米流通基础设施建设，建立特色农产品销售中心。二是农业科研机构提供技术支撑。科研机构历史悠久，数量众多，120多所各类农业科研机构中不乏百年以上历史的研究所。研究领域宽广精细，涵盖大米、大米加工等领域。科研成果丰硕，培育出众多差异性、专属性强的优良品种。三是全农协基本垄断稻米生产销售。全农协是在政府的大力支持下，由农民自发组合成立的农业生产互助协作组织，是大米生产和流通全过程的一个重要“推手”。全农协在全国47个县（省）和700多个市地全部设有分支机构，吸纳了全国99%的农民入会。在各级政府的指导下，推进稻米计划种植和垄断销售，保证品牌大米的品质安全和价格稳定。四是第三方机构承担稻米质量检测认证。民营化的检验机构对稻米质量进行检测认证，全国有1 200多个检验机构、12 000多名检验员。各地农政事务所负责检验机构的资质认定、仲裁监督等监管。全国瑞穗食粮检查协会负责汇总稻米质量信息并向全国公布。五是以深加工延长产业链条。针对大米市场高度同质化问题，对大米进行深加工，大幅度提升附加价值。日本新潟县以大米为原料的加工产业发达，岩塚制果株式会社、三和油脂株式会社，开发出米果、米粉、米线、米油、米糕、米酒和化妆品等几十种产品，畅销日本及全球。

（二）泰国优质稻米的生产

泰国传统农业种植技术有几千年的历史，自然地理条件优越。泰国农业主要产业区集中在中部湄南河三角洲、东北部呵叻府（那空拉差是玛府）高原的沿河区域、北部清莱府下的山间盆地和南部佛丕府沿海城市泰国半岛地区。农业发展是泰国最重要的部分，泰国是重要的世界粮食净出口国，也是世界五大大米出口国之一，被称为“东南亚粮仓”。

泰国是世界有机稻米的主要供应者，有机香米世界闻名，是泰国国家的一张名片。泰国的水稻种植历史可以上溯到5 000年前，其中久负盛名的当属泰国有机“茉莉香米”，此米以粒长饱满和蒸煮后的香味扑鼻而享誉世界。长期以来，有机“茉莉香米”一直采用泰国农业传统方法种植，再加上优质的产地环境条件，形成了世界著名的有机大米品牌。目前，泰国是世界上最大的有机大米出口国。随着世界有机农业的发展，有机农业已逐渐成熟，在过去的十多年泰国有机农业已逐渐被国际市场认可，有机食品的市场份额也迅速增长。泰国有机香米96%出口到国外，如美国、德国、奥地利、丹麦、日本、新西兰、澳大利亚、新加坡和中国等，已经拥有很大的市场份额，销售价格高于普通香米（Sasivimol，2020）。

数字产业被认为是推动泰国有机稻米生产的重要工具和机制。泰国政府总理巴育提出了农业快速发展转型的“泰国农业4.0”发展战略。泰国农业4.0的发展方向是要在当今数字经济的环境中实现农业数字化的市场管理，避免使用价格等行政手段干预市场，推动泰国农产品标准化管理，以此来提升泰国农业的国际竞争力，提升农民、合作社和农业中小企业的核心竞争力。这几年来泰国一直致力于发展种植有机水稻，每年15%～30%产量持续增长。2016年，根据4.0政策快速发展的要求，农业部又增加种植了2 987hm^2有机认证水稻。

值得注意的是，尽管泰国是世界上最大的稻米出口国，但当前泰国稻米产量增加是由于水稻种植面积的扩大，而不是单位面积产量的增加（Nalum，2020）。土壤理化性质、社会学和经济因素等显著地影响了泰国有机稻米生产的效率。有机水稻生产的决定因素是以特定的生态环境来经营，从生产到种植的成功，也取决于有机农业知识的认知、农民的信心、资金、生产要素、农民的家庭经济能力等。

（三）印度优质稻米的生产

印度是全球第二人口大国，人口激增导致粮食需求量上升，使其在国际粮食贸易中的影响力日益增强。稻米是印度的主粮，有8.6亿农村人口直

接和间接依靠稻米产业为生，政府鼓励发展出口导向型稻米产业，2011年开始印度成为全球第一大稻米出口国。

印度稻米出口种类差异较大，高品质稻米在全球市场份额较大，经济效益较好，市场前景广阔。2015年印度出口的1 150万t稻米中，巴斯马蒂香米（Basmati）占33%，其他品种占67%。巴斯马蒂香米品质优良，且外观、香型和口感方面也较突出。其仅种植于印度的印度河—恒河地区和巴基斯坦，市场供给有限而需求旺盛。2015年全球共产出巴斯马蒂香米1 240万t，印度占71%，巴基斯坦占29%。目前巴斯马蒂香米占印度稻米出口总量的1/3，产值占43%。巴斯马蒂香米离岸价格相对其他品种高出80%左右，经济收益显著优于其他品种。

印度稻米品质好、市场占有率高、生产成本相对较低、出口政策灵活开放，未来发展潜力巨大。但同时也应该看到，水资源短缺、土壤退化、农业技术滞后、劳动力成本上升和信贷资本不均等限制了其稻米产业的发展。同时随着工业化、城市化和居民生活用地不断扩大，印度农地规模不断受到压缩，加之农业多样化种植的开展侵占了稻米种植区，稻米生产面积不断减少，生产规模也不断下降，稻米产业的发展也面临着严峻的挑战（董渤等，2019）。

二、国内优质稻米的生产

随着人们生活水平的提高，粮食结构性过剩问题的出现，原有的水稻品种品质严重落后于生产发展的需要。改革开放以后，在水稻总产量已能基本满足需要的情况下，我国开始重视稻米品质的提高。稻米市场对优质产品的需求越来越大，从近年的情况看，无论是杂交稻还是常规稻，产量都有提高，但从种植面积上看，凡是米质优良的品种组合，都得到了迅速推广。水稻品种组合的好坏和寿命的长短，市场会给予最好的评价。因此，水稻育种应以市场为导向，加强优质米品种组合的选育，使水稻的米质普遍得到提升。稻米品质是一个综合性指标，它是稻米本身物理及化学特性的综合反映。稻米品质的要素包括外观品质、蒸煮食味品质、营养品质等指标。在碾米品质中，糙米率、整精米率的高低对稻谷生产者有着重要的经济价值。在外观品质中，垩白米率、垩白度的大小会影响稻米的商品价值和食用价值。蒸煮食味品质是至关重要的品质标志，也是核心要素。在稻米中，直链淀粉、胶稠度、糊化温度等综合指标对米质的优劣产生着决定性的作用。而营养品质则是以蛋白质含量高低为指标。优质与超高产的协调统一是育种家们最终的育种目标。在现实生产中产量与品质的矛盾始终存在，因此一些人对选育优质超高产品种的可能性产生了怀疑。然而许多学者研究认为，稻米品质指标与产量性状间迄今为止没有发现明显的负相关。还有不少研究结果表明，一些性状中优质对劣质有不完全显性遗传的特点。因此，将优质与超高产做到有机的结合，是完全可能的。稻米，不但不可须臾或缺，还要面对工业化、城市化带来的耕地、水资源等不断减少以及满足人口不断增多、质量要求提高的挑战。我国水稻科技尤其是矮秆水稻品种的育成、杂交水稻技术的突破和新型材料的取得与推广，不但满足了我国自身人口从6亿增加到13亿的需要，水稻单产水平的提高也为我国的农业结构调整、工业化做出了贡献。我国水稻技术还输出到印度、越南、缅甸等东南亚国家以及美国等，为世界人民的食物保障和文明进步做出了贡献。

水稻是我国人民的主要粮食作物。作为世界水稻大国，不仅水稻产量大，需求量也大。由于我国是人口大国，在过去相当长的一段时间里，为解决温饱问题，水稻育种偏重于提高产量，对稻米品质的改良重视不够。改革开放以来，随着国民经济的发展和人们物质生活水平的不断改善，对稻米品质的要求不断提高；对主食的需求开始向“少而精”的方向发展。我国稻米生产还要面对较少土地、较少水、较少劳动力、较少化学物品和生产不断增长的需求矛盾。在温饱问题解决的基础上，我们不仅追求吃饱，更追求吃好。我们不仅要吃无毒无污染的米，更要吃食味好、富营养的米。随着粮食生产总量的提升，品质和质量问题得到重视，稻米品质和质量由此得到不断提高，但是与国外发达国家和一些大米出口国相比，我国的稻米品质仍存在差距。

据统计，我国稻米生产所投入的化肥、农药占总量40%左右。这些化肥、农药的大部分都进入了土壤、水系及大气中，对环境造成持久的污染，由此给工农业生产及人们身体健康造成的负面影响越来越大，其危害也越来越被人们所认识。目前我国水稻生产过分依赖化肥、农药的做法尚未从根本上改变，导致稻米品质下降，种稻效益低。

绿色稻米在种植过程中限量使用限定的化学合成生产资料，依靠种植绿肥、稻草还田和系统内生态养殖等方法来获得养分，提高土壤肥力；利用抗病虫品种、培育健壮群体及种养结合、生物防治等方法来控制病虫草害，其环境生态效益不可估量。发展绿色稻米，有利于充分利用自然资源，改善农业生态环境，促进农业的可持续发展，实现我国水稻高产、安全、生态、高效的目标。

建设绿色稻米生产基地，是“十一五”以来农业发展规划的重要抓手，不仅有利于提高我国稻米产品在国际市场的竞争力，还有利于提高我国农业产业化水平与农民技术素质。我国长期以来重“量”不重“质”，稻米产品质量安全程度不高，在国际市场缺乏竞争力，这与世界稻米生产第一大国的地位很不相称。绿色稻米是与其他有机食品一样具有较高技术含量和附加值的农产品，市场售价比同类产品要高出30%以上，顺应国际市场食品消费新潮流，有望改变我国稻米产品出口的被动局面，有利于提高我国食用稻米面向发达国家及地区的国际市场竞争力（图2-1，图2-2）。

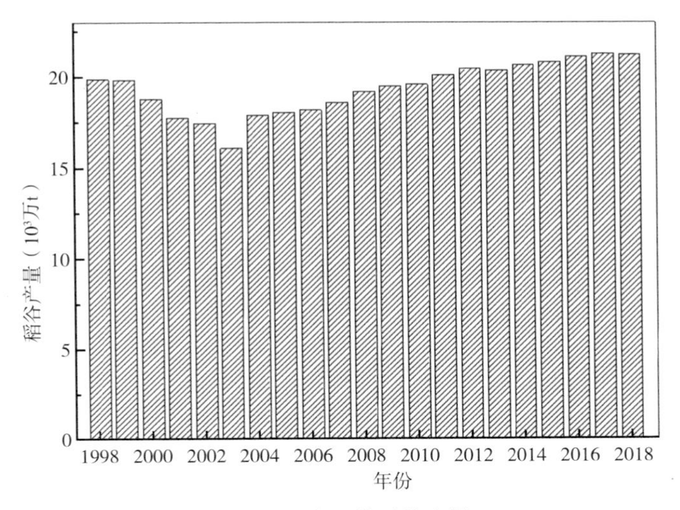

图2-1　我国的稻谷产量

（数据来源：中国国家统计局、中国国家粮食局）

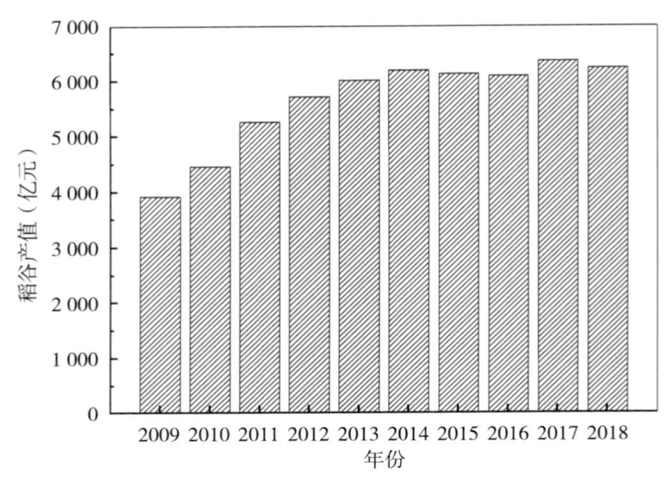

图2-2　我国近十年的稻谷产值

（数据来源：中国国家统计局、中国国家粮食局）

相对于市场，我国绿色稻米的发展还只是刚刚起步，但对于整个稻米生产的历史，绿色稻米生产却是一个巨大的转变。这一转折改变了城市、改变了乡村，也改变了人们的观念。从长期看，发展绿色稻米生产有助于提高我国粮食生产的比较优势。近几年来，许多稻米企业从自身的发展出发，已经很注重生产的产业化，重视生产各个环节如品种、种植、加工、营销的有机结合，以更好满足人们对好食味、安全稻米的需求。

第五节　仙居县优质稻米产业的发展现状

一、仙居县优质稻米产业的优势

（一）生态条件优越

仙居县生态环境良好，具有发展绿色稻米的天然优势。仙居县地处浙江省东南部、台州市西部，县域面积2 000km^2，是个“八山一水一分田”的山区县，属亚热带季风气候，常年平均气温17.2℃，全年无霜期240d，年平均降水量1 644.4mm，年日照时数1 932.6h，光照充足。境内重峦叠嶂，空气清新，景色秀美，森林覆盖率达79.6%。永安溪川流不息，清澈见底，风光旖旎。由于地处海洋性气候与内陆性气候交汇处，仙居县日照充足，雨量充沛，自然生态条件优越独特，是省级生态环境建设重点县、省级生态示范区建设试点单位之一。优越的自然环境，为绿色稻米生产提供了得天独厚的生态环境条件，6万亩全国绿色食品原料（水稻）标准化生产基地2012年开始创建，2014年建成（图2-3）。

图2-3　仙居梯田（绿色稻米基地）

（徐小凤　拍摄）

（二）基础扎实

早在2002年，仙居县委县政府就提出了“生态立县”的奋斗目标，着力把仙居建设成为生态经济发达、人居环境和谐、生态环境优美、生态文化繁荣的国家级生态城市。从2002年开始，就开展了无公害稻米生产，进行无公害农产品基地认证，面积2 460亩的朱溪镇杨丰山无公害优质米基地被认定为浙江省首批无公害农产品基地，“杨丰山”牌大米供不应求。2004年，白塔镇高迁片5 250亩优质米生产基地被认定为省级无公害农产品基地。2005年12月完成了《无公害稻米生产技术研究》课题，2006年着手开展绿色稻米栽培技术研究前期工作。通过宣传发动，科学规划，技术培训，绿色稻米生产基地建设作为2007年仙居县农业重点项目，首先在基础条件较好的横溪镇八都垟片进行示范，创建了高标准、高起点的生产基地

5 080亩，基地和产品在省内率先通过绿色认证，引起了浙江电视台等多家媒体的关注。2007年11月30日下午，“仙居县绿色稻米推介会”在杭州举行，会上举行了产销对接签约仪式，多家新闻媒体做了报道。仙居县主打品牌“浙丰”珍米，多次获浙江农业博览会金奖，并荣获“浙江省名牌农产品”“浙江十大品牌大米”等荣誉称号。多年来所获得的成绩和经验，为仙居的绿色稻米生产打下了坚实的基础，仙居绿色稻米产业开发走在了全省前列。《绿色稻米标准化生产技术研究与推广》项目获2009年度浙江省农业丰收奖一等奖（图2-4）。

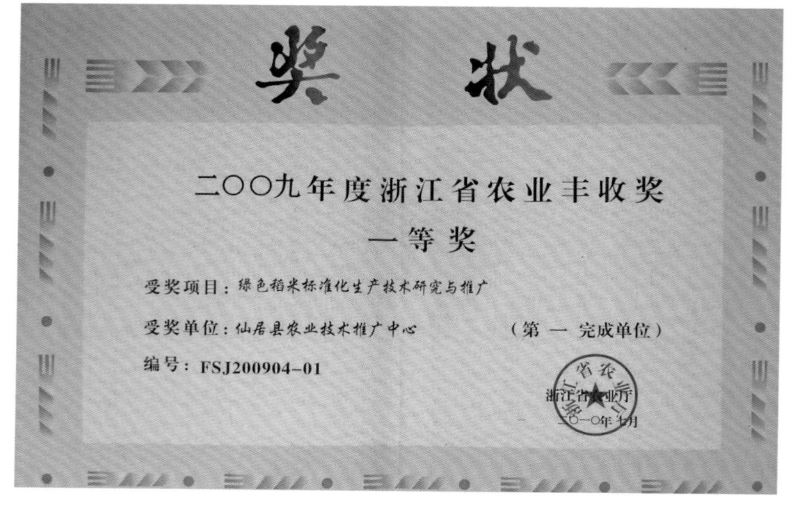

奖 状

二〇〇九年度浙江省农业丰收奖

一等奖

受奖项目：绿色稻米标准化生产技术研究与推广

受奖单位：仙居县农业技术推广中心 （第一完成单位）

编号：FSJ200904-01

图2-4 浙江省农业丰收奖获奖证书

（三）产业有一定规模

仙居县利用优越的生态环境，依靠“三位一体”农业公共服务体系，大力发展绿色、有机稻米生产，绿色稻米基地从2007年的5 080亩发展到2014年的6万亩，有机稻米基地从2008年的100亩发展到3 000亩。年生产绿色稻米2.1万t，产值2.1亿元；年生产有机稻米450t，产值900万元。全县建成了5条日生产能力50t以上的大中型大米加工流水线、17家年用米量超过200t的米面加工企业，形成了以浙江得乐康食品有限公司、仙居县杏村米业有限公司为龙头，以合作社为纽带，以基地为载体的现代农业产业化体系。绿色稻米的销售价格比普通大米高一倍多，有机稻米价格则每千克高达68元。

（四）标准化生产技术全面应用

生产基地采用绿色稻米标准化生产技术，产品严格执行国家《绿色食品　大米》（NY/T 419—2006）标准。应用测土配方施肥、水稻强化栽培、稻鸭共育、频振式杀虫灯、性诱剂等先进适用技术，实行“统一订单收购、统一品种布局、统一生产操作规程、统一检测、统一品牌销售”“五统一”生产管理制度；施肥、防病治虫严格执行《绿色食品　肥料使用准则》（NY/T 394—2013）和《绿色食品　农药使用准则》（NY/T 393—2020）；建立和完善农产品生产、加工、包装、运输、储藏及市场营销等各个环节质量安全档案记录与农产品标签管理制度，形成产销一体化的产品质量安全追溯体系（图2-5）。

绿色食品
GreenFood

证　书

经中国绿色食品发展中心审核，该产品符合绿色食品A级标准，被认定为绿色食品A级产品，许可使用绿色食品标志，特颁此证。

产品名称：浙丰+图形牌　大米
标志编号：LB-03-0810113697A
生　　产　商：台州市稻香村农业科技发展有限公司
批准产量：1500　吨
许可期限：2008年10月至2011年10月

王运浩
中国绿色食品发展中心

绿色食品
GreenFood

China Green Food Development Center

This is to certify that
RICE　ZHEFENG & FIGURE BRAND
Produced by
TAIZHOU DAOXIANGCUN AGRICULTURE SCIENCE & TECHNOLOGY DEVELOPMENT CO.,LTD.
Has passed the review and verification
at
Grade A Level of Green Food Standards
and
is authorized to use Green Food Label

Lable serial No: LB-03-0810113697A
Certified volume: 1500 Metric Tons
Valid period: From October 9,2008 To October 8,2011

中国绿色食品发展中心
Director General　王运浩
Date of Issue Oct. 9,2008

图2-5　仙居县“浙丰”大米获绿色食品认证

（五）政府重视

优质稻米是仙居县重点发展的特色粮油食品之一，各级政府高度重视优质稻米产业的发展，注重产业的顶层设计，制定了一系列务实的发展战略规划，并出台了完备的政策和措施，确保优质稻米产业规划得到落实和执行（图2-6）。

图2-6　仙居县分管县长主持召开绿色农产品基地建设座谈会

（六）仙居县稻作历史悠久

稻作文明是中华文明不可或缺的组成部分和源泉，水稻农耕文明与旱作农耕文明一起构成了中华民族数千年的农耕文明史。20世纪70年代两次发掘的浙江余姚河姆渡遗址，率先把中国稻作文化历史推进到7 000年前。从20世纪80年代起，“长江中下游起源说”逐步发展成为中国稻作起源的主流学说。考古发掘出土的稻遗存也以长江中下游地区最多、年代最早，而浙江的稻作起源证据最为完善和久远。仙居县作为浙江稻谷文明的一部分，身上流淌着厚重的稻作基因。从21世纪起，上山遗址发现了包括水稻收割、加工和食用较为完整的证据链，是迄今所知世界上最早的稻作农业遗存。上山遗址的发现让稻作栽培历史上溯至1万年前，刷新了人们对世界农业起源的认识。而近期考古发现，位于余姚的施岙遗址古稻田是目前世界上发现的面积最大、年代最早、证据最充分的古稻田，这种稻田，起源年代有可能早至距今6 000年以上。而位于仙居横溪镇下汤村东北角的下汤遗址，是一处典型的临水而居的史前聚落遗址。在初步挖掘的过程中，考古学家欣喜地发现整个地层中都铺满了水稻植硅体。在遗址中出土的石磨盘和石磨棒等石器，不但补全了河姆渡古文化遗址中出土稻谷所隐藏的制作和食用的历史，也展现了仙居做好粮食生产工作是深埋在血液里一脉相承的传统，万年仙居稻作文明源远流长（图2-7，图2-8）。

图2-7　下汤遗址出土的红陶罐

陶器（片）中发现了较多未碳化稻草和稻谷壳，说明该地区稻作农业在万年前已经出现（仙居县农业农村局供图）

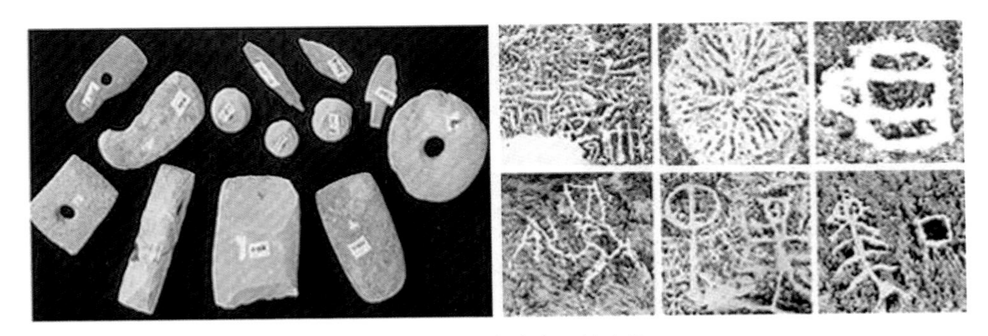

图2-8　下汤遗址出口的文物

石磨盘、磨球、砺石、石簪和璜等极有可能是稻谷脱壳的工具（仙居县农业农村局供图）

二、仙居县发展优质稻米产业的现状

从2002年开始，仙居县就开展了无公害稻米生产，进行无公害农产品基地认证，面积164.4hm^{2}的朱溪镇杨丰山无公害优质米基地被认定为浙江省首批无公害农产品基地，“杨丰山”牌大米供不应求。2004年，白塔镇高迁片350.0hm^{2}优质米生产基地被认定为省级无公害农产品基地。2005年12月完成了《无公害稻米生产技术研究》课题，2006年着手开展绿色稻米栽培技术研究前期工作。通过宣传发动、科学规划、技术培训，绿色稻米生产基地建设作为2007年仙居县农业重点项目，首先在基础条件较好的横溪镇八都垟片进行示范，创建了高标准、高起点的生产基地333.4hm^2，基地和产品在省内率先通过绿色认证，引起了中央电视台、浙江电视台等多家媒体的关注。2007

年11月30日下午，“仙居县绿色稻米推介会”在杭州举行，会上举行了产销对接签约仪式，多家新闻媒体做了报道。仙居县主打品牌“浙丰”珍米，具有优质、营养、卫生、柔软可口、免淘洗、风味佳等优点，是家庭食用及馈赠佳品，已成为客商、市民抢购的商品和各大宾馆、酒店的特供产品，在浙江国际农业博览会上，先后5次获金、银奖，2007年被评为“浙江十大品牌大米”。多年来所获得的成绩和经验，为仙居的绿色稻米生产打下了坚实的基础，仙居绿色稻米产业开发走在了全省前列。

仙居县利用优越的生态环境，大力发展绿色、有机稻米生产。绿色稻米生产基地从2007年开始的5 080亩发展到2014年的6万亩，有机稻米生产基地从2008年的100亩发展到3 000亩，形成了以浙江神仙居农业发展有限公司、海亮有机农业仙居有限公司、仙居县晶米香水稻专业合作社、仙居县朱溪镇石坦头种养殖专业合作社等主体为龙头，以基地为载体的绿色稻米产业化体系。

生产基地按绿色稻米标准化生产技术组织生产，应用测土配方施肥、稻鸭共育、频振式杀虫灯、性诱剂等先进适用技术；实行“五统一”生产管理制度；施肥、防病治虫严格执行《绿色食品　肥料使用准则》（NY/T 394）和《绿色食品　农药使用准则》（NY/T 393）标准；建立和完善农产品生产、加工、包装、运输、储藏及市场营销等各个环节质量安全档案记录和农产品标签管理制度，形成产销一体化的产品质量安全追溯体系。主打品牌“浙丰”珍米多次获浙江农业博览会金奖、“浙江省名牌农产品”“浙江十大品牌大米”等荣誉称号。“仙居绿色稻米标准化生产技术研究与推广”项目曾获得2009年度浙江省农业丰收奖一等奖。

2017年，全县水稻种植面积13.16万亩，建成粮食生产功能区8.06万亩，全国绿色食品原料（水稻）标准化生产基地6万亩（从2012年开始创建，2015年农业部认定，目前在水稻上为浙江省唯一）。县内横溪埠头片、白塔田市片、朱溪上张片、双庙大战片和下各福应片五大稻米生产区块，分别建有高产创建示范方基地、优质稻米培育基地和新品种新技术试验基地。全县拥有社会化服务组织56家，其中9个育秧烘干中心；粮食流通类农业企业及合作社7家，优质稻米已获有机认证2个，绿色认证4个，注册稻米品牌17个，稻米延伸产品品牌4个，优质稻米产业已具一定规模。在促进全县粮食增产、做大做强水稻产业规模的同时，仙居县深入挖掘，促进产业链条延伸，目前全县拥有2家稻米生产加工相关的省级龙头企业，5条日生产能力50t以上的大中型大米加工流水线、7条5～20t的小型流水线，17家年用米量超过200t的米面加工企业。成功打造了“醉美杨丰山”等美丽梯田景观和一批稻米产品品牌。

仙居县与中国水稻研究所、浙江大学、浙江农林大学和浙江省农业科学院等国家及省级科研机构达成合作关系，积极推进水稻产业研究，构建了“县、乡、村、基地”四级稻米技术推广服务体系网络。2015—2018年共引进水稻新品种63个，筛选出万象优111、嘉丰优2号、玉针香、竹香4号等一批适宜仙居种植的优质稻米新品种，促进了绿色稻米产业开发。在引进优质水稻新品种的同时，每年召开两期大型绿色水稻生产技术培训会议，并组织当地农技人员、基地负责人、种粮大户、高产示范户赴宁波、金华、衢州等地观摩，学习各地先进经验，以拓宽他们的视野和业务知识，提高县域水稻生产水平。

2017年，仙居县从中国水稻研究所、浙江省农业科学院、福建金山都发展有限公司等单位引进了南粳46、中嘉8号、长粒粳、万象优华占、万象优111、嘉浙优99、隆两优1988、N两优1998、N两优华占、纳科1号（嘉优99）等优质水稻新品种，安排了2组比较试验，分别放在朱溪镇杨丰山村和上张乡杨柳下村，并在稻谷收获后进行优质大米品尝活动，让老百姓自己挑选他们所喜爱的优质米品种，以此来推动基地品种的更新步伐。当年，水稻绿色高产高效创建工作也取得成功，2017年11月19日，台州市农业局组织水稻专家对下各镇马垟片“甬优12单季稻绿色高产创建示范方”进行实产验收，按照浙江省水稻产量验收办法，对其中三块田进行全田机械收割，经过仔细核实，三块田产量分别为990.7kg、979.4kg、955.3kg/亩，平均亩产975.1kg，示范方平均亩产突破仙居县2015年创造的960.7kg历史最高纪录，创造了新的纪录（2015年，仙居县水稻高产攻关田最高亩产1 000.8kg，在台州首次突破1 000kg大关，创台州市水稻最高产量纪录，荣获高产竞赛一等奖。台州日报2015年11月27日头版以《我市水稻攻关田亩产突破1 000kg大关》为标题进行了报道）。

2018年，仙居县人民政府将水稻产业振兴列入了政府工作报告。初步制定了优质稻米产业振兴实施方案，组建了优质稻米产业联合会，构建了“仙居大米”区域公用品牌及母子品牌体系，并与中国水稻研究所合作启动了仙居县《绿色食品　水稻生产操作规程》（DB331024/T 17—2019）和仙居县《绿色食品　大米加工技术规程》（DB331024/T 18—2019）2个标准制定。同时，积极整合全县三农发展项目资金，联合产业、质监、农机、土肥、植保和水产等相关单位共同推进优质稻米产业发展。准备成立仙居县绿色稻米专家团队，聘请省、市有关专家担任顾问，统领仙居绿色稻米产业振兴行动。

2018年仙居县成功申报部级整县制粮食绿色高质高效创建示范县，实施面积10.5万亩，辐射带动面积13万亩，覆盖全县20个乡镇（街道），重点建设横溪埠头片、白塔田市片、朱溪上张片、双庙大战片和下各福应片五大绿色稻米生产核心基地，建立12个示范点，实现创建区良种覆盖率100%，创建区化肥使用量较上年减少2%，化学农药使用量较上年减少2%。重点打造5条绿色稻米加工流水线、4条稻米延伸产品加工流水线和一批稻米型美丽田园，分春耕、夏种、秋收、冬藏四季节批次组织开展全县绿色稻米基地摄影专题活动，收集质量较高摄影作品编制成精品画册，并加以大力宣传。形成绿色优质稻米的“全环节”绿色高效技术集成、“全过程”社会化服务体系构建、“全链条”产业融合模式打造和“全县域”绿色发展方式引领，共同推进仙居优质稻米产业振兴。

2019年，由于粮价低、经济作物扩种及劳动力成本、生产资料价格上涨，且遭受罕见的超强台风“利奇马”袭击，粮食生产困难重重，全县实际完成粮食播种面积17.76万亩，超额完成市政府下达的17.75万亩粮食播种面积考核任务，总体上还是实现了灾年夺丰收的目标。加强资源整合，落实优质稻米生产基地，引进优质水稻新品种，首次制定优质稻米奖励扶持政策（仙政发〔2019〕19号文件：加强优质稻米基地建设，促进优质稻米产业发展，对拥有100亩以上集中连片的优质稻米基地，参加县级以上“好稻米”评比并获优质奖以上的主体予以奖励。获“浙江好稻米”金奖的奖励5万元、“浙江好稻米”优质奖或“台州好稻米”金奖的奖励3万元、“台州好稻米”优质奖或“仙居好稻米”金奖的奖励2万元、“仙居好稻米”优质奖的奖励5 000元，以上奖励就高等级进行奖励），并以2018、2019年部级水稻绿色高质高效创建示范县为载体，做大做强做优仙居稻米优势产业。共落实优质稻米生产基地8个，引进优质水稻新品种19

个，参加全国、省、市各类展销和推介活动5次。2019年12月25日，成功召开首届“2019仙居好稻米”食味评比活动大会，邀请程式华、纪国成、徐青、曾孝元、朱大伟5位专家担任评委，评选出“2019仙居好稻米”金奖大米10个、优质奖大米10个，并召集100位大众评委投票产生“2019仙居好稻米”消费者喜爱大米3个，活动取得圆满成功。开展水稻新型种植模式示范，杨柳下、杨丰山、马垟3个示范点承担“稻鱼共生+黑木耳模式示范”“山区水稻轻简化栽培绿色综合防控技术示范”“水稻机插侧深施肥技术示范”项目，探索先进适用生产技术，为山区水稻轻简和高效生产提供技术支撑（图2-16至图2-19）。台州市农业农村局对山区梯田保护与开发十分关心，他们跟浙江省农业科学院合作开展了山区梯田轻简化栽培技术的研究，6月24—25日在杨丰山召开了“台州市梯田水稻抛秧现场会暨全年稻油栽培技术培训会”，为山区梯田保护与开发指明了方向（图2-9至图2-15）。2019年，还引进了部分彩色水稻品种进行种植，绘制仙居大米LOGO和国旗图案，在稻田书写“壮丽70年奋斗新时代”彩字，为中华人民共和国成立70周年献礼。

图2-9　台州市梯田水稻抛秧现场会暨全年稻油栽培技术培训会在仙居召开

图2-10　梯田水稻抛秧秧苗

图2-11　梯田水稻抛秧现场

图2-12　抛秧水稻长势

图2-13　丰收的喜悦

（崔江剑　拍摄）

图2-14　丰收的喜悦

（仙居县农业农村局供图）

图2-15　杨丰山梯田丰收节首担稻谷拍卖

（仙居县农业农村局供图）

图2-16　杨丰山梯田米

（仙居县农业农村局供图）

图2-17　羿新生态米

（仙居县农业农村局供图）

图2-18　高山富硒米

（仙居县农业农村局供图）

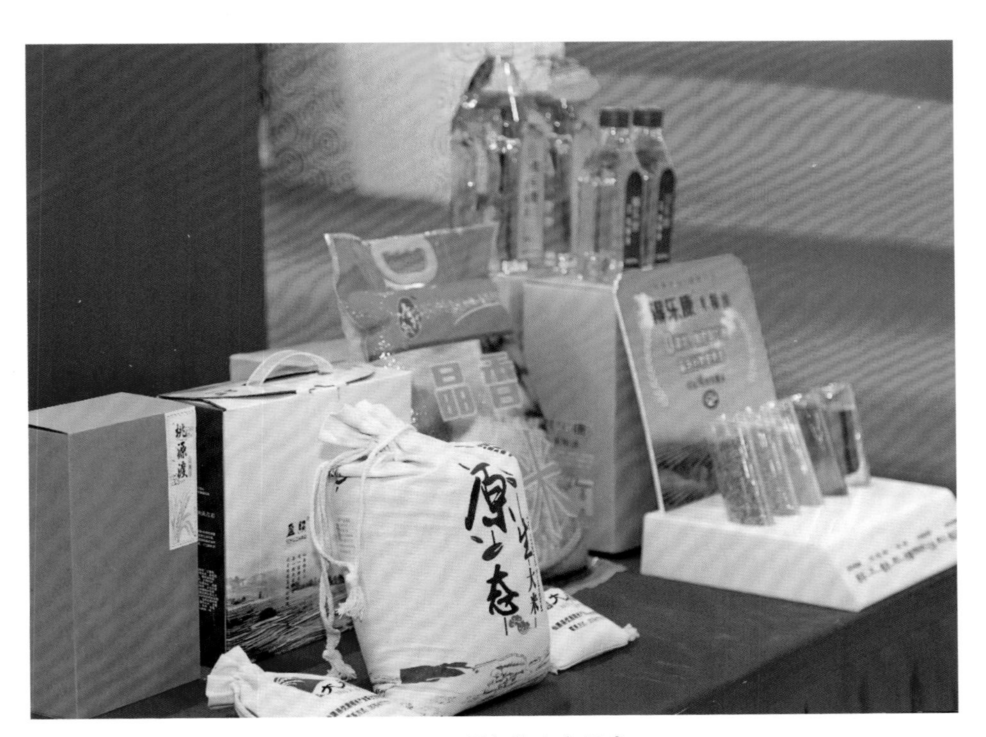

图2-19　稻鱼共生有机米

（仙居县农业农村局供图）

2020年，仙居县继续开展粮食绿色高效示范竞赛活动，完成浙江省下达的粮食绿色高产高效创建任务，共5个省级千亩片、2个水稻攻关方、6个优质水稻示范方、28块高产攻关田和3个高品质绿色稻米示范基地。

在耕地方面，仙居县完成了台州市下达耕地保有量、基本农田保护面积、高标准农田建设任务。为确保耕地面积基本稳定，积极开展耕地保护和高标准农田建设，县政府与辖区20个乡镇（街道）全面签订基本农田保护责任书，高标准农田建设工作表现突出受到省政府发文通报表彰。

2020年粮食播种面积为18.25万亩，比2019年增加2.79%，粮食总产量为7.75万t，比2019年增加6.61%，同时水稻主导品种覆盖率达到95%，完成3个科技示范基地创建工作，精心遴选主推技术30项，主推技术到位率达95%以上，推广应用效果明显。2020年，仙居县稻米产业示范性全产业链获评“全省示范性农业全产业链”，粮食绿色高质高效行动继续获得农业农村部“粮食绿色高质高效行动示范县”称号。

第三章　仙居县优质稻米产业发展历程

第一节　起步阶段（2002—2006年）

2002年，仙居县委县政府提出了“生态立县”奋斗目标，着力把仙居建设成为生态经济发达、人居环境和谐、生态环境优美、生态文化繁荣的国家级生态城市。在此背景下，仙居县的优质稻米生产开始起步，标志性事件是2002年4月11日，朱溪镇、台州市农业科学研究所、仙居县种子公司共同签署了“共建杨丰山优质米基地协议书”。这一仪式的举行，标志着“无公害农产品行动计划”在仙居县正式启动，浙江省电视台、仙居县电视台对此做了专题报道。

《浙江省无公害农产品基地认定办法》第五条规定，认定无公害农产品基地应符合下列条件：①产地生态环境达到相应的无公害农产品生产标准；②集中连片且具有一定规模；③有相应的无公害农产品生产管理机构和专职技术人员；④有相应的无公害农产品生产技术操作规程；⑤基地内农产品质量达到省无公害农产品质量标准；⑥基地内农产品有注册商标；⑦有完善的无公害农产品生产基地质量安全管理制度。根据上述规定，杨丰山无公害优质米基地由朱溪镇人民政府牵头，台州市农业科学研究所加盟，仙居县种子公司负责，成立了由农业、财税、科技等有关部门参与的领导小组和实施小组，积极引导农民严格按照浙江省地方标准《无公害稻米第1部分：产地环境》（DB33/T 296.1—2000）、《无公害稻米第2部分：生产技术标准》（DB33/T 296.2—2002）进行生产，确保产品质量达到省无公害农产品质量标准。基地以优质米品种为主栽品种，产品统一打“浙丰”商标、“神仙居”品牌，仙居优质米产业正式起步，面积2 460亩的朱溪镇杨丰山无公害优质米基地当年被认定为浙江省首批无公害农产品基地。2004年，白塔镇高迁片5 250亩优质米生产基地被认定为省级无公害农产品基地，“杨丰山”牌大米在市场上畅销。2005年12月完成了《无公害稻米生产技术研究》课题。在无公害优质米生产取得成功的基础上，2006年，仙居县把目标瞄向标准更高的绿色稻米，并开展了绿色稻米栽培技术研究的前期工作（图3-1，图3-2）。

图3-1　杨丰山夕照

（萧云集　拍摄）

图3-2　杨丰山梯田水稻

（罗加亮　拍摄）

第二节　成长阶段（2007—2012年）

2007—2012年是仙居县优质稻米产业发展的成长期。在这段时间内，仙居县优质稻米产业发展取得了长足的进步。2007年，仙居县获得了农业科技计划项目（仙科〔2007〕27号—2007B27）的支持，开始进行了绿色稻米标准化生产技术的研究和推广工作。通过宣传发动、科学规划和技术培训等前期工作，绿色稻米生产基地建设作为2007年仙居县农业重点项目，首先在基础条件较好的横溪镇八都垟片进行示范，创建了5千亩高标准、高起点的生产基地。基地和产品在省内率先通过农业部绿色认证，引起了中央电视台、浙江电视台等多家媒体的关注。2007年11月30日下午，“仙居县绿色稻米推介会”在杭州举行，会上举行了产销对接签约仪式，多家新闻媒体做了报道。仙居县种子公司主打品牌“浙丰”珍米，2007年被评为“浙江十大品牌大米”（图3-3）。

2007年9月，中共仙居县委组织部、仙居县农业局共同编写《绿色农产品生产技术》培训教材。同年，仙居县乡土人才协会副会长、粮食分会会长卢慧华的台州稻香村农业科技发展有限公司成立，工商资本进入绿色稻米产业，仙居的绿色稻米从此走上产业化和品牌化之路。该公司投入193万元购置稻米加工设备，对稻米进行精加工，改良包装，并以“浙丰牌”商标来打市场，大大提高了产品的附加值。凭着过硬的质量和有效的营销策略，绿色稻米售价高达10～16元/kg，产品迅速打入省内及上海、江苏等8个省市。此后，仙居县乔里片稻米专业合作社、仙居县绿野科技农业有限公司等8家加工销售企业应运而生。“仙居大米”闻名省内外，并得到中国水稻研究所专家的赞誉。“浙丰牌”绿色稻米先后被评为浙江省十大品牌大米、浙江省优质大米金奖、浙江省名牌农产品，台州市稻香村农业科技发展有限公司成为国家粮油产业化龙头企业（图3-4）。

图3-3　在杭州举行的仙居县绿色稻米推介会

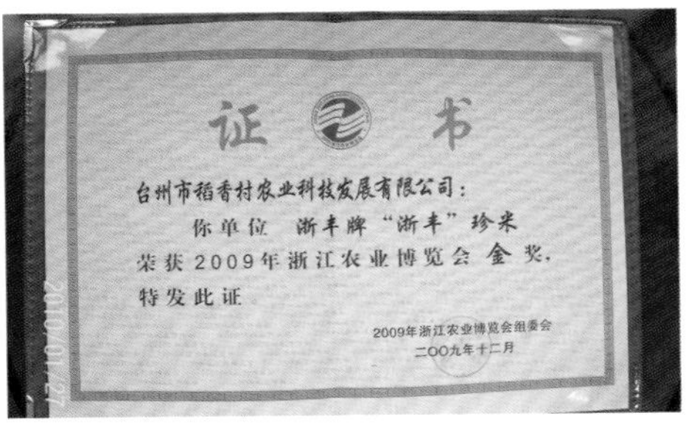

证　书

台州市稻香村农业科技发展有限公司：

你单位　浙丰牌“浙丰”珍米

荣获2009年浙江农业博览会金奖，

特发此证

2009年浙江农业博览会组委会

二〇〇九年十二月

图3-4　“浙丰”珍米荣获2009年浙江农业博览会金奖

随着绿色稻米的试种成功并推广，有机稻米种植提上议事日程。2008年，仙居县农业局开始在上张乡苗辽村开展有机稻米基地建设，试种特长粒品种“天丝香”。有机稻米的生产过程要求禁止施用任何化学合成的生产资料。为了达到这一生产要求，基地采用生物防治来控制病虫害，种植紫云英、油菜培肥，运用稻田养鸭这一方法来达到除虫、除草、肥田，实现“一箭三雕”的效果。同年，上张乡苗辽村有机稻米“天丝香”试种成功，亩产达到300多千克。尽管产量不算高，但效益却不低，农技专家吴增琪算了一笔账：有机稻米售价在24元/kg以上，稻田养鸭，不用农药、不用化肥，节省了工夫，降低了成本，几项合计每亩可为农民增收400元以上（图3-5）。

有机稻米“天丝香”试种成功之后，其他条件适宜的乡镇也陆续开始推广。田市镇徐山、街下、官田坑、下曹、谷岙等10个山区村，共建立了2 000余亩有机稻米生产基地，并通过了有机食品基地认证。2009年5月，仙居县望星桥种植专业合作社成立，注册了“望星桥”牌有机大米商标。

图3-5 天丝香有机大米

在这期间，仙居县高标准谋划和推进了优质稻米生产基地建设。2007年绿色稻米生产基地为5 080亩，2008年达到1.26万亩，2009年5.012万亩，绿色稻米基地面积逐年扩大。2007—2009年，已累计示范推广绿色稻米面积6.78万亩，取得了较好的经济效益。到2011年，绿色稻米种植面积发展到8万亩，分布在横溪、白塔、朱溪、官路、上张、皤滩、湫山等15个乡镇、街道。通过培育合作社，实现基地产前、产中、产后的统一管理和服务。引进农业龙头企业和目前国内较先进的日产100t大米生产线，形成了集生产、加工、销售于一体的绿色稻米产业化体系，创立了“浙丰”绿色品牌，基地和产品通过绿色认证，措施具有创新性。多年来所获得的成绩和经验，为仙居的优质稻米生产打下了坚实的基础，仙居优质稻米产业开发走在了全省前列。《绿色稻米标准化生产技术研究与推广》项目获2009年度浙江省农业丰收奖一等奖，2010年度台州市科技进步奖三等奖；《超级稻集成栽培技术研究与示范推广》获2009年度台州市科技进步奖三等奖（图3-6，图3-7）。2012年仙居县被农业部列为绿色食品原料标准化生产基地创建基地之一。

图3-6　仙居县绿色稻米标准化生产技术研究与推广项目评审会

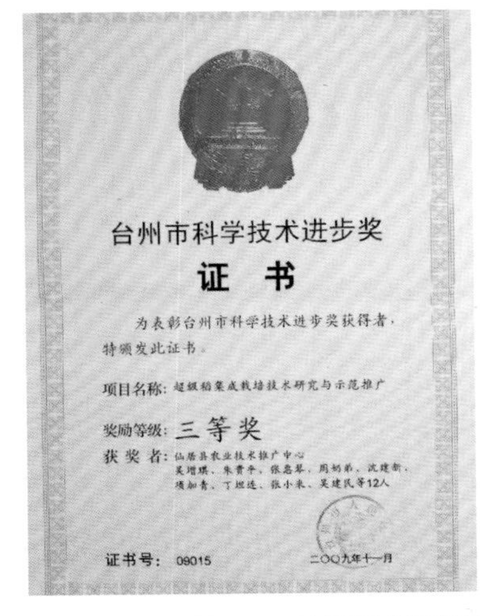

图3-7　仙居县优质稻米产业发展相关获奖照片

第三节　成熟阶段（2013—2017年）

从2013年开始，中国水稻研究所“水稻产业发展团队科技特派员项目”落户仙居，通过示范推广水稻优质高产新品种，以及配套的超高产栽培集成技术，提高仙居县的水稻单产水平；加强优质稻米生产技术指导，提升绿色稻米生产能力，推进优质稻米品牌创建，促进稻米产业发展。

在农业部绿色食品管理办公室、省农产品质量安全中心的重视下，仙居县于2015年1月成功创建了6万亩全国绿色食品原料（水稻）标准化生产基地，有效期五年（2015年1月至2020年1月）。在创建过程中，仙居县建立了一整套工作和技术体系：第一，健全组织管理体系，组建了工作机构，制定了工作方案，建立了目标责任制，基地建设与测土配方施肥、有机质提升、省级农产品质量监管示范县、美丽乡村、中低产田改造等工作有机结合。第二，强化基础设施体系，重点抓好粮食生产功能区建设。第三，建立生产监督管理体系，完善档案管理和技术服务，一是统一优良品种，全县基地主推甬优9号、甬优15、中浙优1号、中浙优8号等优质、高产、抗性强的水稻品种，基地良种普及率达98%，全县基地无转基因水稻品种；二是统一技术操作规程，制定《绿色稻米标准化生产技术规程》《仙居县绿色食品原料水稻标准化生产模式图》及绿色稻米生产管理手册，并严格按照操作规程组织生产；三是统一投入品供应和使用，仙政发〔2012〕211号文件制定了《关于绿色食品原料水稻生产投入品准入制公告》和《农业投入品管理办法》，对投入品的供应和使用作了严格的规定，严禁使用《绿色食品　农药使用准则》《绿色食品　肥料使用准则》和《关于绿色食品原料水稻生产投入品准入制公告》中规定的禁用农药、肥料等生产投入品，并结合病虫情报定期公布禁用、限用农药名单，引导农户按照绿色标准规范使用农药、肥料；四是统一田间管理，全县基地以“绿肥—水稻”或“油菜—水稻”耕作模式为主，采用健身栽培和绿色防控技术，在使用化学防治时以合作社为单位按照病虫情报进行统防统治；五是统一收获，严格按照技术规程要求，在稻谷成熟后，选择晴天进行收割，及时用竹垫或专用水泥晒场翻晒，严禁在马路翻晒，以免造成污染。

随着仙居县优质稻米产业的不断成长，其优质稻米产业发展已日趋成

熟。仙居的优质稻米多次获浙江农业博览会金奖、浙江省名牌农产品、浙江省十大品牌大米等荣誉称号。2014年全县6万亩水稻标准化生产基地为全省唯一获农业部全国绿色食品原料认定（图3-8，图3-9）。成功打造了“醉美杨丰山”等美丽梯田景观和20余个优质稻米产品品牌。同时还与中国水稻研究所、浙江大学、浙江省农业科学院等科研机构合作推进水稻产业研究，3年来从引进的63个水稻新品种中，重点推广了嘉丰优2号、万象优111、天丝香等优质稻米品种。“‘中药材—单季稻’轮作栽培模式示范推广”项目，获2014年度浙江省农业丰收奖三等奖。

图3-8　绿色大米真空包装

证　书

仙居县人民政府：

兹批准你单位创建的 6万亩水稻 基地为全国绿色食品原料标准化生产基地，有效期五年（2015年01月至2020年01月）。

农业部绿色食品管理办公室　中国绿色食品发展中心

二〇一五年一月

图3-9　全国绿色食品原料标准化生产基地证书

2017年全县优质稻米生产基地达10万亩，开发了大米、米糠油、米面、年糕等稻米加工系列产品，优质稻米产业化体系已经初步形成。这些进步直接反映了仙居县优质稻米产业已经进入了成熟发展阶段。

第四节　跨越阶段（2018年至今）

2018年，仙居县将稻米产业振兴列入县政府工作报告，组建了优质稻米产业联合会，构建了仙居大米区域公用品牌体系，制定了《绿色食品　水稻生产操作规程》（DB331024/T 17—2019）、《绿色食品　大米加工

技术规程》（DB331024/T 18—2019）2个地方标准，成立了优质稻米专家团队，聘请省、市专家担任顾问，整县制成功申报了全国粮食绿色高质高效创建示范县，以此统领全县域优质稻米产业振兴。

目前，仙居已完成56家水稻社会化服务组织，覆盖县域五大稻米生产区块，建成5条日生产能力50t以上的大中型大米加工流水线、17家年用米量超过200t的米面加工企业和全国最大的米糠综合利用生产线，形成了大米、米糠油、米面、年糕等稻米加工系列产品，优质稻米产业化体系已经形成。

在浙江省农业农村厅、浙江省粮食与物资储备局关于“2020浙江好稻米”推荐活动中，经农业农村部稻米及制品质检中心对稻米理化品质、食味品质和安全指标等方面进行检测评分，并经专家组综合评审，仙居县仙贡农业发展有限公司生产的“仙贡”牌高山富硒米获得金奖（全省共10个），该品牌稻米品种为泰两优217籼米；仙居县仙贡种养殖专业合作社生产的“仙谷贡”牌稻鱼共生米获得优质奖（全省共20个），该品牌稻米品种为泰两优1332籼米（图3-10至图3-15）。

图3-10　杨丰山村梯田产业发展推进会召开

图3-11　连续三年入选全国水稻绿色高质高效创建示范县

14 农博·产地

神仙居处有“仙米”

浙江省粮食安全和推进农业现代化领导小组农业产业化办公室

浙江省粮食安全和推进农业现代化领导小组农业产业化办公室关于认定2019年全省示范性农业全产业链的通知

各市、有关县（市、区）农业产业化工作主管部门：

根据《浙江省粮食安全和推进农业现代化领导小组农业产业化办公室关于推荐申报省级示范性农业全产业链的通知》要求，在县（市、区）申报、市级推荐的基础上，经省粮食安全和推进农业现代化领导小组农业产业化办公室审核，认定杭州市西湖区茶产业示范性全产业链等12条全产业链为2019年全省示范性农业全产业链。

附件：2019年全省示范性农业全产业链名单

浙江省粮食安全和推进农业现代化领导小组农业产业化办公室

2019年……4日

- 1 -

附件

2019年全省示范性农业全产业链名单

1. 杭州市西湖区茶产业示范性全产业链
2. 杭州市临安区天目雷笋产业示范性全产业链
3. 宁波市江北区牛奶产业示范性全产业链
4. 余姚市茶产业示范性全产业链
5. 湖州市吴兴区蔬菜产业示范性全产业链
6. 桐乡市稻米产业示范性全产业链
7. 金华市金东区奶牛产业示范性全产业链
8. 金华市婺城区粮食产业示范性全产业链
9. 武义县食用菌产业示范性全产业链
10. 开化县茶产业示范性全产业链
11. 仙居县稻米产业示范性全产业链
12. 临海市柑桔产业示范性全产业链

- 2 -

图3-12　仙居县被认定为浙江省稻米产业示范性全产业链

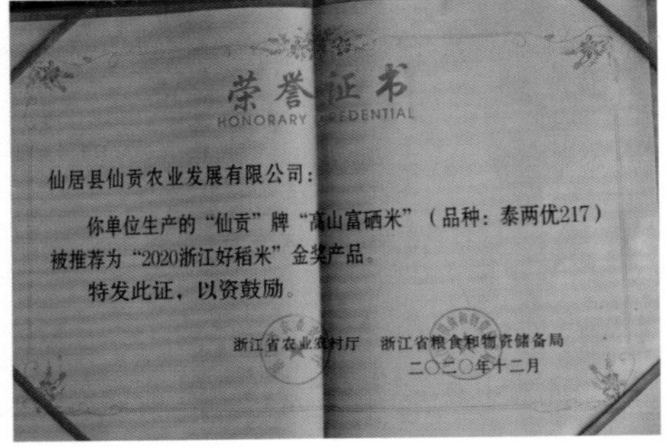

图3-13　仙贡农业公司获得2020年度浙江省好稻米金奖

图3-14　九三学社浙江省第二届农业科技论坛暨杨丰山梯田丰收节召开

图3-15　仙居创意稻田

（李建伟　拍摄）

第四章　仙居县优质稻米产业的发展经验

仙居县优质稻米产业的发展，取得了良好的经济效益和社会效益。由于绿色稻米生产以使用有机肥为主，大幅度减少了化肥、农药的使用量，从而降低农业面源污染，改善生态环境，并促进农业旅游观光业的发展，生态效益显著。仙居县在发展绿色稻米产业的过程中，取得了一些宝贵的经验。

第一节　政府高度重视

一、制定优质稻米产业发展规划

仙居县为了保持稻米产业的竞争力，注重产业的顶层设计，制定了一系列具有前瞻性的发展战略规划。2002年，仙居县委县政府提出了“生态立县”奋斗目标，在当年《政府工作报告》提出“实施‘246’绿色行动计划”，力争到2002年底，使居民吃上“放心菜、放心肉”；到2004年，主要农产品达到无公害标准；到2006年，主要农产品基本达到绿色食品标准，部分农产品达到有机食品标准。根据这一规划，“杨丰山无公害优质米基地建设”应运而生，仙居县优质稻米的生产，进入实质性实施阶段。

2006年，仙居县委县政府将建设绿色稻米生产基地作为实施“十一五”农业发展规划的重要抓手，提出“二基地一胜地”战略目标，把绿色稻米生产作为打造“浙江绿色农产品生产基地”的主要内容来抓，力争在2010年前打响仙居绿色稻米品牌。通过宣传发动、科学规划、技术培训，绿色稻米生产基地建设作为2007年仙居县农业重点项目，首先在基础条件较好的横溪镇八都垟片进行示范，创建了5 000亩高标准、高起点的生产基地。

2008年8月13日，中共仙居县委、仙居县人民政府出台了《关于建设绿色农产品生产基地的若干政策意见》，按照《仙居县绿色农产品生产基地发展规划》确定的发展思路，扶持绿色稻米等产业。大力实施绿色农业标准，对新获得绿色认证，且商品产值达到200万元以上的企业、合作社、个人给予奖励，获有机食品认证、绿色食品认证的各奖励3万元，获国家无公害农产品认证的奖励1万元。自此，仙居县优质稻米产业发展正式列入政府重要工作议程，仙居县绿色稻米发展规划初步成型，目标建成“浙江省绿色农产品生产基地”（图4-1）。

图4-1　落实绿色农产品基地发展规划

2016年9月22日，仙居县人民政府办公室印发了《关于印发仙居县农业绿色化发展“十三五”规划的通知》（仙政办发〔2016〕87号）：“十三五”时期是全面建成小康社会的关键时期、转变发展方式和深化农村改革的攻坚时期，是农业供给侧改革的关键时期、全面推进县域绿色化发展的重要时期。为适应“十三五”期间全县农业、农村发展新形势，依据《仙居县国民经济和社会发展第十三个五年规划纲要》编制要求，特制定《仙居县农业绿色化发展“十三五”规划》。现摘录其中部分内容如下。

加快推行绿色有机生产：坚持农业生产资源利用循环化，推行节约集约型生产制度，实施生态循环农业生产方式。以全国绿色食品标准化生产示范基地建设为载体，积极构建地域特色和比较优势产业的绿色标准体系，加强培训、示范、推广，做大做强仙居杨梅、仙居鸡、绿色稻米、绿色蔬菜等优势主导产业，加大红香芋、山茶油、中药材等新产业培育力度。大力发展有机农业、绿色农业，推进“三品一标（无公害农产品、绿色食品、有机农产品和农产品地理标志）”认证工作，扩大产品总量和产业规模。到2020年，累计通过认证的“三品”超过60个，发展稻田生态养鱼6 000亩，绿色农产品标准化实施率达75%以上，适度规模经营率达50%以上，力争全县标准化实施率在26县第一类13县中排名前列，成为长三角地区重要的绿色有机农产品批发市场和配送中心。“十三五”期间特色农业产业带建设任务：中西部绿色有机粮油产业带，绿色稻米生产基地，横溪、朱溪两大生态区为主，规模8万亩。仙居县稻米产业的发展规划，对优化稻米生产力布局、构建现代稻米产业体系、提升稻米产业经济综合竞争力具有重大意义，有力地促进了仙居县绿色稻米产业的发展（图4-2）。

图4-2　浙江省农业农村厅2019年部级绿色高质高效行动布置会

二、制定多项有利于优质稻米产业发展的政策

仙居县为了完善优质稻米的产业生态，不仅把优质稻米产业的培育编制在《仙居县农业绿色化发展“十三五”规划》中，还专项编制了《仙居绿色稻米产业振兴实施方案》，在基地建设、质量监管、品牌培育、休闲观光发展、政策性保险等方面均出台了一系列的扶持政策。近年来每年安排财政资金70万元左右，在严格执行省稻谷最低收购价政策和订单奖励标准的基础

上，对种粮大户、接受统一社会化服务的农户给予补贴。2019年，支持举办“首届仙居好稻米”评选活动，兑付奖励资金30万元，有效驱动稻米产业优质发展。落实资金100余万元对稻米生产线购置、基地设施改造、优质品种引进等予以奖补，力促产业转型升级。充分利用浙江神仙居农业发展有限公司等稻米生产加工型省市龙头企业的辐射带动效应，助力打造优质稻米产业化体系。

仙居县采取了多种扶持政策，统筹中央和省市县农业生产补助资金，完善农作物病虫害绿色防控和统防统治补贴政策，鼓励推动农民专业合作社、企业、行业协会等单位研究和应用推广绿色防控技术，制定了农药定额制施用的财政奖补相关政策。以仙居县为解决绿色稻米种植过程中绿色肥源缺乏的问题为例，绿色稻米生产要求有机肥中的氮素总量大于化肥的氮素使用总量，有机肥不足是制约绿色稻米生产的瓶颈。种植冬绿肥紫云英是解决有机肥不足的关键技术措施。为了提高广大农户对该项技术的热情，采用财政的手段，对种植绿肥紫云英给予政策支持，每亩补助30元，有力地促进了绿肥生产。由于推广了绿肥结荚翻耕技术，仙居县绿肥播种面积得到恢复性增长。仙居县横溪镇下陈村采用这一技术，土壤有机质含量从原来的2%提高到4%左右，经济效益和社会效益显著。此外，仙居县十分注重产学研合作，每年安排科技特派员专项资金10万元，定向加强与中国水稻研究所、浙江大学、浙江省农业科学院等国家和省级科研机构的科研交流合作。设立优质稻米产业专家工作站，积极推进粮食产业研究、技术创新及成果转化。目前，已制定出台《绿色食品　水稻生产操作规程》《绿色食品　大米加工技术规程》2个地方标准。

注重过程监管，全面筑牢产业安全防线。在源头生产环节，累计投入40多万元实施绿色优质稻米减药工程，通过种植诱虫和蜜源植物、放置杀虫灯和性诱剂、应用对口高效低毒农药等物理、生态、生物性综合措施，降低水稻病虫害风险。在终端环节，依托县农产品检测中心，每年定量检测稻米样品60批次。安排20万元省级农产品质量安全追溯体系建设专项资金，在稻米生产基地等主要区域安装“电子眼”，依托“智慧监管”平台进行远程实时监控，确保及时消除安全隐患（图4-3，图4-4）。

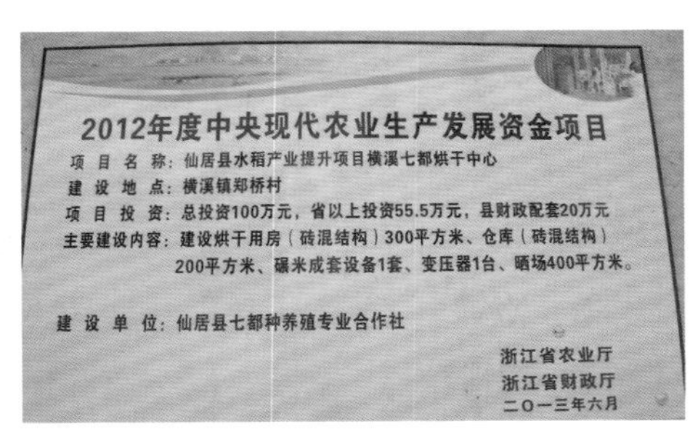

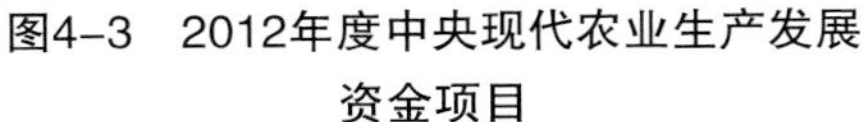
图4-3　2012年度中央现代农业生产发展资金项目

图4-4　政策调研

三、有序应对灾害性突发危机

台州是台风登陆较为频繁的地区之一，而正值水稻生长旺季。台风过后，成片水稻发生倒伏或被水淹，给水稻等粮食生产带来了巨大损失。仙居县上下齐心协力，及时做好田间排涝工作，修整冲垮的田园，并根据稻苗长势适当补施肥料，采取适当措施，预防水稻病害侵染和发生（图4-5）。

图4-5　抗灾指导

面对突如其来的新型冠状病毒肺炎疫情的严峻挑战，仙居县农业农村局在配合防疫指挥部做好农业农村防疫工作的同时，重点落实民生保供与“三农”稳增长，及时做好水稻等农作物供种工作，保证化肥、农药、农膜等农用物资储备供给，做实做全春耕备耕工作。为了解决耕种过程的人工问题和农资店的复工复产，通过与指挥部及时协调，发放涉农人员通行证，制订了《农资店、种子店复工复产工作说明》，细化了疫情防控工作和复工经营方案。并合理安排种植计划，发布了《关于2020年仙居县主要农作物绿色主导品种的推介意见》，引导农民种植优质绿色品种，调优品种结构，加快优质高产绿色品种推广，助推仙居县农业供给侧结构性改革。这些措施的实行，有效支撑了疫情期间仙居优质稻米产业的平稳发展（图4-6至图4-9）。

图4-6　疫情期间，抓好粮食保供工作

图4-7　疫情期间，农技人员下乡指导

图4-8　疫情期间，抓好种子储备工作

图4-9　疫情期间，仙居县农业农村局局长张金平陪同台州市委常委、组织部部长赵海滨到海亮、羿新等农业公司视察指导

（仙居县农业农村局供图）

第二节　完善农业基础设施

稻谷生产的农业基础设施，如农田建设、产业供应链及交通设施等对稻米生产、加工及销售发挥着重要的作用，并且对稻米的价格以及相连产业的可持续发展产生重大的影响。因此，仙居县十分重视农业基础设施建设。

一、高标准建设绿色稻米生产基地

绿色稻米基地建立在气候温和，雨量充沛，光热条件好，山清水秀，空气质量上乘，无工业污染，生态环境优越的乡镇、街道。改善和提高基地生产设施和环境条件，加强对农田水利设施及其配套设施的建设，充分运用现代农业设备和机械，提高农业生产效率，提高集约化生产、管理水平。防止农业生产面源污染，不断改善和提高基地的环境质量。在显要位置设置标识牌，标明绿色稻米生产基地的名称、范围、面积、栽培品种及主要技术措施和建设期等内容。

仙居县对绿色稻米的生产基地，进行了持续多轮的布局和建设。2007年绿色稻米生产基地为5 080亩，2008年达到1.26万亩，2009年5万亩，绿色稻米基地面积逐年扩大。

2009—2011年，继续推进绿色稻米基地的建设，到2011年面积发展到8万亩，分布在横溪、白塔、朱溪、官路、上张、皤滩、湫山等15个乡镇、街道。种植紫云英3万亩，油菜5万亩，绿色稻米8万亩。安装频振式杀虫灯3 200盏，添置机动弥雾机1 600台、担架式喷雾器400台。进行测土配方施肥，取土壤样本800个进行了化验，取得了较好的经济和社会效益。

2012年开始创建全国绿色食品原料（水稻）标准化生产基地，创建面积为6.066 4万亩，分布在43个专业合作社，涉及社员34 241人。2015年，全县绿色稻米基地发展到10万亩，生产绿色稻谷4.5万t，有机稻米基地发展到5 000亩，生产有机稻谷1 500t。基地重点分布在横溪、白塔、朱溪、上张、官路、田市、皤滩等16个乡镇、街道（表4-1，图4-10至图4-13）。

表4-1　2014年仙居县创建全国绿色食品原料（水稻）标准化生产基地名单（分乡镇、街道汇总表）

乡镇、街道	基地面积（亩）	村数（个）	农户数（户）	合作社（个）	片（个）
安岭	1 575	18	1 982	1	2
溪港	2 615	16	868	1	2
湫山	2 823	18	1 487	3	3
横溪	9 300	44	4 337	8	2
埠头	1 662	7	801	2	2
皤滩	2 426	11	1 160	4	3
白塔	4 789	18	3 085	2	2
淡竹	3 977	26	3 872	1	1
田市	5 320	29	3 785	3	1
官路	1 224	4	967	1	2
上张	2 303	23	1 283	5	3
步路	1 400	9	80	0	1
广度	1 242	7	971	0	1
福应	1 142	5	893	1	1
安洲	154	1	36	1	1
南峰	120	1	75	1	1
下各	4 869	15	3 699	2	2
大战	3 898	19	1 987	2	2

（续表）

乡镇、街道	基地面积（亩）	村数（个）	农户数（户）	合作社（个）	片（个）
双庙	2 410	13	1 480	1	2
朱溪	7 487	29	1 393	4	4
合计	60 736	313	34 241	43	38

图4-10　首个绿色稻米示范基地

图4-11　绿色稻米示范基地现场观摩培训会

图4-12　参加在湖南国家杂交水稻研究中心召开的国际研讨会

图4-13　全国绿色食品原料（水稻）标准化生产基地创建验收

二、加强基础设施建设

2010—2014年全县共投入财政资金累计达5 200万元，建设粮食生产功能区5.22万亩，推行农业投入品准入制度，建设县、乡两级农产品检测中心21个，建立县、乡、村三级监管体系，加强对农业投入品和农产品质量监管（图4-14至图4-17）。

图4-14　山区梯田田间基础设施建设

（罗加亮　拍摄）

图4-15　粮食生产功能区建设

图4-16　中央现代农业生产发展资金支持粮食烘干加工中心建设

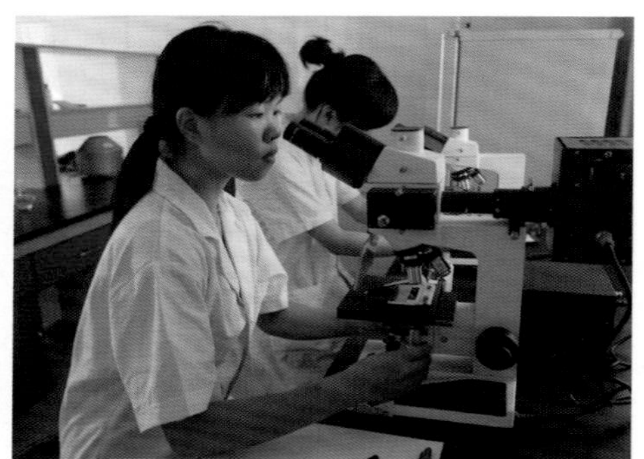

图4-17　检测实验室建设

三、加快农机化步伐

大力推广水稻等主导产业所需的先进适用农机装备和农机化技术，优化农机装备结构。重点加快水稻机械化育秧、栽植、烘干，提升粮食生产全程机械化水平。探索农机和农技、农业机械化和农田基础设施、机耕道路建设的融合协作，实施农机合作组织提质工程，建立健全农机服务市场，重点推广水稻集中育插秧、化肥深施、保护性耕作等技术。据不完全统计，2010—2013年，为粮食生产功能区提供服务的合作社组织有50余家，新建3个育秧中心，新增年统一供秧能力1.5万亩；建成8个烘干中心，新增年烘干能力4 000t。这些粮食经营主体为周围广大农户提供了育供秧、机耕、机插、机管、机收、机烘等各项粮食生产服务，为广大农民群众抢抓季节，缓解劳力，降低成本，提高种粮效益等方面发挥重要作用。到2020年，全县农机总动力达到25万kW，水稻机械化耕作水平达到

97%，机械化收获水平达到90%，油菜机械化收获率达到80%，新增农机专业合作社3家，逐步实现农村经济各领域机械化生产全覆盖（图4-18，图4-19）。

图4-18　插秧机和育秧流水线

仙居县政府高度重视水稻耕种收综合机械化工作，强化农业机械化发展支持政策，深入实施农业“机器换人”示范创建，2020年创建机器换人示范基地一家，完成年度机器换人示范创建任务，水稻耕种收机械化率74.18%，比2019年提升了1.9%。

图4-19　农业专业合作社开展社会化服务

四、保供水稻种植面积

仙居县经过多年的土地整治，现有耕地保有量38.45万亩，永久基本农田30.5万亩，连续22年实现耕地占补平衡。但“八山一水一分田”的基本县情是客观存在的，人均耕地少、耕地总体质量不高、后备资源不足、农居点散乱、耕地碎片化等问题，制约着农业规模化、现代化经营。

特别是近年来，仙居县经济快速发展，城镇建成区不断扩大，一大批重大交通、产业项目陆续落地，用地保障与耕地保护的矛盾日益突出；加之上级用地管理已从新增转向“减量盘存”，用地计划指标不再切块下达，发展空间受限和用地指标不足制约着县域经济的进一步腾飞。仙居县出台了《仙居县全域土地综合整治三年行动计划（2018—2020）》，坚持“全域规划、全域设计、全域整治”，坚持把全域土地综合整治作为破解用地要素制约、促进土地利用提质增效的根本出路。这三年，仙居将集中力量完成村庄整治1 200亩，旱改水1 000亩，中低产田改造4.6万亩，园地还耕7 000亩，城镇低效用地再开发3 000亩。

根据土地利用分布和潜力状况，仙居县将全县划分为四大整治区：以城区三个街道为中心的整治区，主要实施城村双改和农地整治项目；以横溪、埠头为中心的整治区，主要实施村庄整治和农地整治项目；以白塔、皤滩为中心的整治区，主要实施生态农业、乡村旅游整治项目；以下各、双庙为中心的整治区，主要实施生态移民、小微园建设项目。全域规划，统筹推进。

而在项目谋划过程中，仙居更重点推行“三种模式”：“土地整治+生态修复”模式，通过整治，在腾挪出发展空间的同时，改善人居环境；“土地整治+村庄改造”模式，通过与拆违控违、历史违法用地处置、地质灾害移民等工作相结合，有序引导农居点、高山移民向中心镇集聚；“土地整治+土地流转”模式，通过创新土地经营模式，用于梯田开发、特色民宿等产业发展，推进农旅融合，促进乡村振兴。同时，仙居立足自身资源禀赋和发展需求，出台全县农村一户多宅清理、历史遗留非法住宅综合整治、下山移民三大清理政策和实施专项行动，切实推进全域土地综合整治工作，其中，一户多宅清理涉及全县307个村，预计两年可获取复垦指标达3 000亩，解决一大批农村个人建房，并有效解决产业用地指标不足问题。

2020年，根据市“两抓年”7个100工作部署，截至目前，仙居共落实省、市示范项目16个，其中已获批省级示范项目2个。2020年以来，全县建设用地复垦已开工376亩；园地还耕已开工1 800亩，已完成283亩；旱改水已开工782亩，已完成182亩；中低产田改造已开工3 500亩，已完成1 323亩；低效用地再开发已完成360亩。

第三节　强化科技支撑

科技是第一生产力。多年来，仙居县政府高度重视农业科技对仙居绿色稻米产业的支撑和引领作用，建立并完善科技支撑体系。通过设置科研项目、推广示范中心以及多种柔性的合作方式，将国内和省内比较有影响力的水稻研发力量引进仙居县，并依据仙居县农业技术推广中心，把项目研究成果通过政技结合、办方示范、技术培训等手段推广到全县各适宜乡镇，提高绿色稻米标准化生产技术的到位率。并制定培训计划，定期对基地负责人、生产管理人员、技术推广人员、营销人员进行绿色稻米生产技术培训。由合作社组织基地农户学习绿色稻米生产技术，保证每户农户至少有一名基本掌握绿色稻米生产技术标准的人。

仙居县农业技术推广中心是实施仙居县优质稻米产业科技支撑的生力军，系全民全额拨款事业单位，设有粮油、种子、土肥、植保等专业站，长期从事农作物栽培、土肥、植保等农业技术的研究示范与推广工作，专业技术力量雄厚，能承担各项先进适用农业技术的试验、示范与推广工作，曾出色地完成省市多个农业科研、推广项目。值得一提的是，仙居县在发展和综合运用各项先进适用技术的同时，也开发了一系列有特色、有影响力的水稻种植技术和标准规范。本书在附录部分，收录了仙居县农业技术推广中心技术人员近年来发表的部分期刊论文，也收录了若干篇有关绿色稻米种植和加工的仙居县地方标准规范（图4-20至图4-28）。

图4-20　中国农业科学院作物科学研究所所长钱前院士来仙居指导工作

图4-21　科技培训

图4-22　中国水稻研究所、浙江省农业科学院和台州市农业农村局等领导、专家来仙居测产验收

图4-23　仙居县农业技术推广中心组织测产验收

图4-24　带农民技术员到三门县亭旁镇何家村考察

图4-25　对绿色稻米基地农户进行技术培训

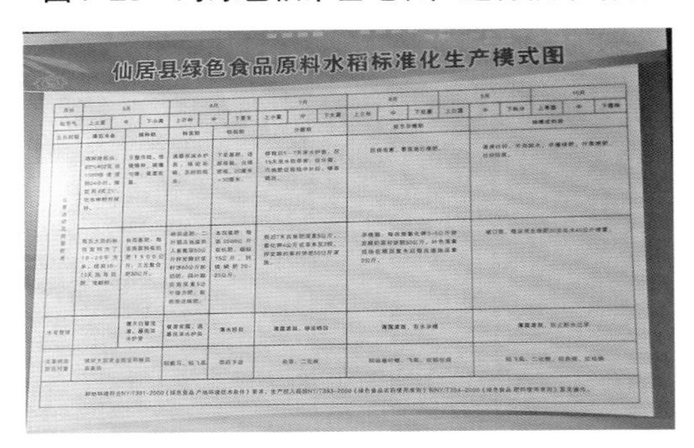

图4-26　绿色稻米基地水稻标准化生产模式图

图4-27　浙江省农业技术推广中心主任王岳钧为浙江省粮油产业技术创新与服务团队暨仙居优质稻米产业专家工作站挂牌揭幕

图4-28　浙江省农业科学院朱国富研究员来仙居杨丰山开展技术培训

一、优质稻米品种的选择与利用

大规模开展水稻优质品种的引进、试验、示范，筛选出一批适合本县、具有较好丰产性的绿色稻米生产专用优质米品种和种质材料。主要引进的品种包括：嘉优99、中浙优8号、甬优15、天丝香、竹香4号、甬优1540、早优73、万象优111、万象优982、天两优3000、嘉丰优2号、嘉禾优7245、南粳46、中嘉8号、长粒粳和泰两优217等。

同时还与中国水稻研究所、浙江大学、浙江省农业科学院等科研机构合作推进水稻产业研究，三年来从引进的63个新品种中筛选出多个优质稻米品种。

嘉优99是嘉兴市农业科学院选配的一个籼型晚熟杂交稻组合，因其生长势旺盛、产量高、米质优、抗性强而受到广大仙居人民多年的追捧。但由于其杂株率高而无法通过品种审定。2003年仙居县单季稻品试，嘉优99杂株率为38%，2007年大田示范，杂株率平均达36%，高的田块杂株率接近50%，对产量造成严重影响，产量损失一般达到15%～20%。因此，如何去除杂株是确保嘉优99实现高产的关键环节。仙居县在多年试种嘉优99的过程中，通过采用旱育秧、实行稀播、薄土覆盖和延长秧龄、拔秧去杂等方法，摸索出了一套有效去除嘉优99杂株的方法。

泰两优217为浙江科原种业有限公司、温州市农业科学研究院和深圳粤香种业科技有限公司联合选育的水稻品种。该品种为单季两系杂交籼稻，植株较矮，长势繁茂，分蘖力较强，剑叶挺，叶片较宽，有顶芒，穗型较大，谷壳黄亮，谷粒长。浙江省农业农村厅、浙江省粮食和物资储备局主办的“2020年浙江好稻米”评比中，仙居县仙贡农业发展有限公司的“泰两优217”获“2020浙江好稻米”金奖（图4-29，图4-30）。

二、多种途径解决有机肥源

绿色稻米必须按照国家强制标准《绿色食品　肥料使用准则》（NY/T 394—2013）及农药使用准则等标准组织生产，施肥上要求有机肥中的氮素总量大于化肥的氮素使用总量，在栽培上注重多施有机肥，少施化肥（有机稻米生产上不施用任何化学合成肥料）。因此，绿色稻米生产的前提是必须施用足够的有机肥，而目前大部分农户往往将有限的有机肥用在效益更高的经济作物上，有机肥源不足成了绿色稻米产业发展的瓶颈。针对这一情况，仙居采用多种途径来解决有机肥源问题，最主要的途径是：种植绿肥紫云英、种植油菜和“三沼”综合利用。

图4-29　浙江省农业技术推广中心纪国成研究员来仙居考察优质稻新品种展示示范情况

图4-30　优质米品尝现场会

（一）种植绿肥紫云英

紫云英是浙江省常见的绿肥作物，仙居县农民历史上有种植这一绿肥作物的习惯。但随着单季稻面积的扩大、劳动力成本的提高以及农民对化肥依赖性的增加，紫云英的种植面积不断减少，全县种植面积一度降到2万亩以下。为了发展绿色稻米，我们重新花大力气，采取多项措施来扩大紫云英种植面积：首先，在安岭、溪港、朱溪、上张、双庙5个乡镇建立了4 000亩紫云英宁波种留种基地，除种子免费提供外，还给予每亩30元的政府补贴。在有关乡镇政府和农业部门的重视下，这些留种基地达到年产10

万kg优质紫云英种子的生产能力，满足了全县对紫云英种子的迫切需求。其次，对绿色稻米基地内愿意种植紫云英的农户，一律免费提供紫云英种子。再次是推广紫云英结荚翻耕技术。以往许多农民不愿种植冬绿肥紫云英原因有三：一是紫云英与单季稻茬口不衔接；二是紫云英的种子价格较高；三是单季稻植株高大茂盛，农民播种紫云英嫌麻烦。

在绿色稻米生产过程中，全县开展了紫云英不同时期翻耕效果比较和结荚期紫云英不同翻耕量效果比较等试验，明确了紫云英不同时期翻耕生物量和氮素含量的变化规律：紫云英不同时期翻耕鲜、干质量变化明显，以盛花期翻耕鲜产、纯氮量最高；盛花期后紫云英鲜产不断降低，干产不断升高；从盛花期至结荚成熟期紫云英氮素含量逐渐降低；采用紫云英结荚成熟期翻耕，氮素有一定损失，跟盛花期比，损失率达26%。仙居县紫云英盛花期一般在4月上旬，而单季稻移栽则在6月上中旬，时间相差2个月，紫云英盛花期与单季稻茬口不衔接，单季稻移栽时，翻耕的绿肥田已杂草丛生，必须重新翻耕，这样就增加了一次60多元的机耕费用。采用紫云英结荚成熟期翻耕技术，虽然氮素有一定损失（鲜紫云英产量为2 000kg/亩左右，折纯氮约7kg/亩，与盛花期翻耕相比，采用结荚成熟期翻耕，纯氮损失2～3kg/亩），但与单季稻茬口相衔接，减少了一次机耕费用；紫云英结荚成熟后落到田里的种子，在单季稻收割时会自行发芽出苗，基本苗足长势旺盛，免去了种子和播种用工成本，综合增效近100元，且地力培肥效果明显，有机质比空白对照平均增幅达5.9%。试验表明，采用紫云英结荚成熟期翻耕，同样可以达到提高土壤有机质含量的目的，适宜的翻耕量为1 500～2 250kg/亩，要求4年左右循环一次。

发展绿色稻米初期，要求农民种绿肥，一旦农民尝到种植绿色稻米的甜头之后，他们开始自觉自愿地种植绿肥了，也舍得花一定功夫。以前的老习惯是在单季稻收割前播种，但随着水稻机械收割的日益普及，紫云英新出的幼苗往往受到收割机无情的“践踏”而损失惨重。为了避免这种情况的出现，农民们与时俱进地改变了种植的方式，现在像种植免耕油菜一样种植绿肥：先播种，再开沟覆土喷除草剂，农事操作相对精细，绿肥长势良好。可以说，目前仙居县的绿色稻米生产和绿肥种植这两者之间形成了相辅相成、互促共进的关系，走上了良性循环可持续发展之路（图4-31，图4-32）。

图4-31　山区紫云英留种基地

图4-32　油菜和紫云英套种

（二）种植油菜

仙居县委县政府从仙居县风光秀丽、旅游资源十分丰富的实际出发，提出了“两基地一胜地”，即先进的制造业基地、浙江省绿色农产品基地和旅游观光胜地建设的战略目标，把绿色农产品基地建设和旅游观光胜地建设作为重点产业来抓，并做到有机结合，相互促进。以推广油菜免耕直播技术为突破口，大力发展油菜生产，成功举办了十二届浙江油菜花节，有力地推动了观光农业的发展，拓展了农业功能，实现了农业和旅游业的良性互动，同时也为绿色稻米生产奠定了基础（图4-33至图4-35）。

图4-33　历年油菜花节

图4-34　浙江省油菜新品种展示

图4-35　杨丰山之春，梯田上种满了油菜

（三）“三沼”综合利用

实施规模养殖场和养殖小区沼气工程，推行农牧结合，创新农作制度。围绕培育壮大农业主导产业、发展高效生态农业和提高农产品质量安全水平这条主线，大力推进农牧结合型示范基地建设，2009年在横溪镇八都垟片创建农牧结合型绿色稻米示范基地1万亩。基地内集中养殖生态仙居农家猪1万头、麻鸭3万羽。铺设管道，把沼液引向大田作有机肥，变废为宝，有效地减

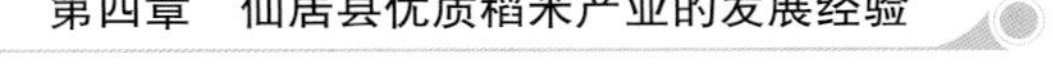

少了养殖场对周围环境的影响，达到双赢效果。

三、开展统防统治，推动绿色防控

随着绿色稻米基地的扩大，仙居县水稻病虫统防统治面积也迅速扩大，2009年全县水稻病虫统防统治面积达到了5.7万亩，2010年进一步扩大到9万亩，占水稻种植面积的2/3。有植保服务职能的专业合作社100多家，植保服务队300多个，机械1 800多台。所有合作社均按绿色稻米或有机稻米标准开展植保服务，农技人员会同合作社植保员调查虫情，确定农药配方和防治时间。一般平原地区早稻防治次数为2～3次，单季稻5次左右；山区单季稻防治次数一般为3次左右，比传统防治减少3～5次，农药用量减少50%左右，从而有效地保障了稻米的质量安全。集中回收农药包装物统一处理，减少了田间污染。

以绿色稻米基地为重点，全面开展水稻病虫统防统治工作。绿色稻米基地普遍应用杀虫灯、性诱剂、稻鸭共育、稻鱼共作等技术。共安装杀虫灯1 000多台、性诱剂2.3万亩、稻田养鸭5 000亩、稻田养鱼2 000多亩，使基地的用药次数从原来的6～7次减到2～4次。根据试验研究和生产实践，制定出了一套可操作性强的绿色稻米标准化生产技术规程。

近年来，为减少农业面源污染，提升粮食品质，促进生态平衡，营造美丽田园，根据浙江省植保检疫与农药管理总站关于深化农药定额制改革，全面推进绿色防控工作的总体要求，结合仙居县绿色防控示范区建设实际，在朱溪镇杨丰山梯田、双庙乡长岗段梯田和双庙乡海亮绿色稻米基地各建立一个零化学农药示范点，制定了仙居县零化学农药示范点建设实施方案，以点带面推动仙居县绿色防控技术发展。

（一）朱溪镇杨丰山梯田

拟建设零化学农药示范点面积200亩，委托仙居县朱溪镇杨丰山村股份经济合作社和仙居县九度红农业发展有限公司具体实施。

农业措施：采用油菜—水稻轮作模式，种植方式采用油菜直播和水稻钵苗抛秧为主的轻简化栽培模式，田间加强水肥管理，减少不合理肥料使用，提高作物抗逆性。

生态调控：在稻纵卷叶螟产卵高峰期投放赤眼蜂放蜂器2 000个，计

600万头；田边种植香根草500株；示范点种植格桑花，计种子10kg。示范点梯田外侧田埂种植大豆4 000株，株距0.5m。公路两侧种植格桑花、百日菊、万寿菊等显花作物。

理化诱控：根据绿色防控示范区总体规划统筹考虑，合理布局风吸式太阳能杀虫灯和性诱诱捕器，全范围覆盖应用。示范区原有“本业”风吸式太阳能杀虫灯10台；朱溪镇2020年绿色防控项目新增“祝农”风吸式太阳能杀虫灯30台，购置性诱诱捕器1 900套（稻纵卷叶螟和二化螟双诱芯）；县植物保护检疫站购置“祝农”智能监控风吸式太阳能杀虫灯5台。

替代用药：采用智能虫情测报动态监测虫情，放宽防治指标，前期充分利用抗性和补偿功能，中后期抓住关键节点选用生物农药替代化学农药。

试验示范：利用抛秧秧苗快生早发的生长优势，拟通过不同密度抛秧的方式，选择最经济的抛秧密度来控制（压缩）稻田杂草的生存空间，探索水稻轻简化的非化学防除杂草方式可行性，实现高山梯田耕作节本增效。

（二）双庙乡长岗段梯田

拟建设零化学农药示范点面积200亩，委托仙居县达亨种养殖专业合作社具体实施。

农业措施：稻田养鱼，田间挖鱼沟、鱼池养殖瓯江锦鲤，以稻鱼共生模式控制田间草害和虫害。

生态调控：在稻纵卷叶螟产卵高峰期投放赤眼蜂放蜂器1 000个，计300万头；田边种植香根草400株；示范点种植格桑花，计种子7.5kg。

理化诱控：示范点已有“本业”风吸式太阳能杀虫灯10台，不再追加建设；投放性诱诱捕器100套（稻纵卷叶螟和二化螟双诱芯）。

替代用药：放宽防治指标，前期充分利用抗性和补偿功能，中后期抓住关键节点选用生物农药替代化学农药。

（三）双庙乡海亮绿色稻米基地

拟建设零化学农药示范点面积100亩，委托仙居县羿新农业发展有限公司具体实施。

农业措施：采用油菜—水稻轮作模式，种植方式采用油菜直播和水稻

图4–36　统防统治现场

图4–37　无人机和杀虫灯

图4–38　性诱剂

图4-39　稻鸭共育

（仙居县农业农村局供图）

图4-40　稻鱼共生

（仙居县农业农村局供图）

图4-41　种植显花植物

（仙居县农业农村局供图）

机插移栽为主的轻简化栽培模式，田间加强水肥管理，减少不合理肥料使用，提高作物抗逆性。

生态调控：在稻纵卷叶螟产卵高峰期投放赤眼蜂放蜂器1 000个，计300万头；田边种植香根草400株；示范点种植格桑花，计种子7.5kg。

理化诱控：合理布局安装“祝农”智能监控风吸式太阳能杀虫灯5台；投放性诱诱捕器100套（稻纵卷叶螟和二化螟双诱芯）。

替代用药：放宽防治指标，前期充分利用抗性和补偿功能，中后期抓住关键节点选用生物农药替代化学农药。

仙居县植物保护检疫站与以上各实施主体签订《2020年零化学农药示范点建设工作责任书》，明确目标责任，并开展指导、督促、检查、验收等工作。

及时总结农药定额制工作的好做法、好经验，将农药定额制纳入植保服务组织、种植大户等培训内容。以贯彻落实《农作物病虫害防治条例》工作为契机，充分利用电视、网络、微博、公众号等形式，全方位、多角度宣传农药定额制，引导农民群众树立农药定额施用责任意识，努力营造社会各界关心植保、关注农药定额制、支持农业绿色发展的良好氛围（图4-36至图4-41）。

四、水稻强化栽培技术研究

我国人多地少，而耕地资源日益减少的趋势不可逆转，依靠科技创新提高单产成为稳定粮食生产的重要途径。水稻强化栽培是一项有效的科技增产措施，具有节种、节水、节本、优质高产的效果。仙居县单季晚稻生产发展迅速并且有很大的增产潜力，以单季晚稻为主的现行水田种植制度适用水稻强化栽培技术。水稻强化栽培技术通过改变对土壤和水分的管理措施来改变稻株的结构（根系、分蘖的密度和数量），在移栽密度上要求超稀植，让水稻自由生长，合理利用水、土、肥、气、光等资源，充分发挥其分蘖优势，使个体与群体能够在更高的水平上协调，进一步提高水稻单产。2003年，为配合水稻强化栽培技术体系的实施，仙居在横溪镇下陈村等地方开展了不同叶面肥、移栽密度等试验，并取得了一系列研究成果。

五、优质稻米的加工与开发

通过发展优质稻米加工产业链，延长农业产业链条，实现产销一体化，是实现农业增产增效和农民增收的一条行之有效的途径。优质稻米加工业一边连接初级农产品，一边直接面对终端市场，通过产品加工提高农产品的附加值，对于解决当前中国农业经济面临的突出问题，提升农业质量和效益，提高农业初级产品的附加值，增加农民收入，解决农村富余劳动力的就业出路，实现乡村振兴，最终增强优质稻米在市场上的竞争力，具有十分重要的意义（图4-42）。

图4-42　稻米加工设备及加工企业

引进先进色选机、深加工生产线，筹建一条日加工100t大米的生产流水线，全年可加工优质大米2万t。租用田市镇粮站3 000m^{2}储粮仓库，可储备稻米2 500t，同时开发生产米糠油等增值产品。目前，仙居县稻米产业入选2019年全省示范性农业全产业链。稻米产业核心经营的主体企业有浙江得乐康食品股份有限公司和浙江神仙居农业发展有限公司，均为省级农业龙头企业。浙江得乐康食品股份有限公司主要经营米糠油及其综合利用，年销售收入2.9亿元，上缴税金3 100万元。浙江神仙居农业发展有限公司，主营的业务是稻米的种植、加工和销售。

近年来，仙居县大力发展绿色有机稻米产业，浙江神仙居农业公司、海亮仙居农业公司、仙居县杏村米业有限公司、仙居县羿新农业发展有限公司、朱溪镇石坦头种养殖专业合作社等一批农业龙头企业相继培育而成（图4-43）。

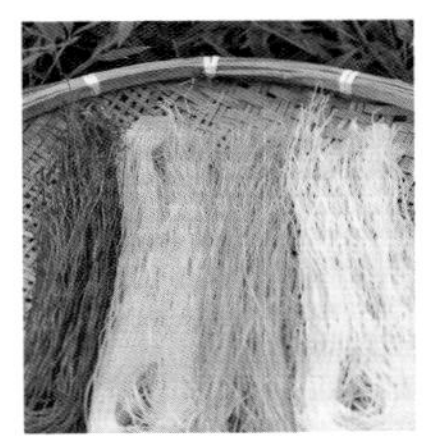

图4-43　开发的大米及其系列产品

六、优质稻米产业数字化

仙居县优质稻米产业在信息化应用上提前谋划，目前从种植、加工直至销售的全流程正尝试实现数字化。种植方面，仙居县正尝试推行“云管理”，即在重点种植区域布置视频监测点，通过实时监测，及时掌握作物生长环境、生长态势、营养状况、灌溉、杂草情况以及病虫害发生情况，配合专家系统，及时预警并给出合理的建议，同时监督稻米种植户严格执行《绿色食品　肥料使用准则》和《绿色食品　农药使用准则》。在稻米加工方面，及时引进智能化的大米加工生产线，大幅提高了大米加工的作业效率和成品率，提高稻米的卫生品质。在优质稻米销售环节，建立和完善质量安全档案记录和农产品标签管理制度，形成产销一体化的质量安全追溯体系；同时利用数字化变革的机会，建立相应的电子商务平台和公共服务平台，积极拓宽大米销售渠道，并积极利用省市县的广播电视、报纸、融媒体等信息平台，及时传播仙居县优质稻米的讯息，提升仙居县优质稻米的美誉度和知名度（图4-44）。

图4-44　田间试验

第四节　产业与品牌营销

一、严把产品质量关

按绿色稻米标准化生产要求，仙居县严格执行《绿色食品　肥料使用准则》《绿色食品　农药使用准则》，建立标准化生产操作制度，完善质量安全档案记录和农产品标签管理制度，编制通俗易懂的操作手册，由合作社发放到农户，以指导绿色稻米生产。每个基地都落实质量监管人员，建立生产档案，规范农业投入品的使用和管理，并实行产地编码和质量可追溯制度。以合作社为依托，建立和完善农产品质量安全检测机构，购置必要的检测仪器和设备，加强农业投入品和农产品的质量安全监测，实现从生产到市场的全过程质量监控。建立内部监督管理制度，对各项标准的落实、投入品的使用等进行动态监督。推行农产品生产经营档案管理，建立和完善农产品生产、加工、包装、运输、储藏及市场营销等各个环节质量安全档案记录与农产品标签管理制度，实行“五个统一”，形成产销一

体化的质量安全追溯体系。

二、搞培训抓品牌，推进绿色稻米产业发展

开展宣传培训。一是与县委组织部联合分期分批开展全县性乡镇干部、村支部书记、村民主任参加的大型技术培训会，共培训6期，计4 800人次；二是组织农技人员结合新型农民培训和农民职业技能培训，实行分片、分村包干，培训骨干农民58批，计11 600人次；三是对所有绿色稻米基地农户进行技术培训，全县共培训各类人员3万多人次，发放技术资料5万多份。

规范使用绿色、有机食品标志。通过产品推介、展示展销等方式有计划地组织市场营销，树立品牌形象，扩大知名度和市场占有率。全县6万亩水稻标准化生产基地为全省唯一获农业部全国绿色食品原料认定，五大稻米生产区块分别建有高产创建示范方基地、优质稻米培育基地和新品种新技术试验基地。2个优质稻米已获有机认证，4个绿色认证，17个注册稻米品牌，成功打造了“醉美杨丰山”等美丽梯田景观和一批稻米产品品牌。

三、做好台州好稻米的品牌培育

加强产品推介、展示展销等组织宣传工作，有计划地组织市场营销，树立仙居大米品牌形象，扩大销售渠道，提高市场占有率。2018年组建了优质稻米产业联合会，成立了优质稻米专家团队，整县制推进全国粮食（水稻）绿色高质高效创建示范县创建，区域性推进仙居大米公用品牌打造，全方位推进优质稻米母子品牌体系构建。“2020台州好稻米”评选活动中，仙居县有4个品牌稻米获得“2020台州好稻米”金奖，2个品牌稻米获得消费者喜爱大米，均居全市首位。

四、培育合作社，重点扶持农业龙头企业

绿色稻米基地建设的成败，绿色稻米标准化生产技术的实施是关键之一，这一任务就落到了农业龙头企业和农业专业合作社头上。农业专业合作社的规范运作，就能很好地解决统一规划、统一品种布局、统一病虫防治、统一农业投入品使用和监管、统一技术标准等诸多问题。为此，我们

把培育规范的农业专业合作社作为发展绿色稻米的突破口。

实施水稻产业提升项目来带动农业专业合作社的发展壮大，到目前全县共有9家农业龙头企业和合作社实施了水稻产业提升项目，全县农业专业合作社从原来的7家发展到现在的76家，它们拥有成套农业机械设备，组建了农机、植保等专业服务队，开展全程服务，有力地促进了绿色稻米生产的发展。

五、从认证推介入手，提高仙居县绿色稻米品牌知名度

一是积极认证，开拓市场。标准化栽培技术是基础，质量认证是手段。通过绿色认证的大米，有了响亮的名片，身价倍增，销售渠道拓宽，其附加值提高。仙居对绿色稻米认证工作高度重视，县财政对通过认证的基地给予3万元奖励。2007年横溪镇八都垟片5千亩绿色稻米基地通过认证，从2008年开始，县委县政府积极筹备，着手仙居县申报为国家级绿色稻米生产基地，统一认证。

二是主动推介，为企业搭桥铺路。为了让绿色稻米产业做强做大，走出浙江，走向世界，必须打响仙居绿色大米品牌，走可持续发展之路。仙居县委县政府高度重视宣传工作，组织企业、合作社参加在台州、杭州、上海、广州等地举行的各类展销会、博览会，为企业搭桥铺路，积极推介，提高仙居大米影响力，扩大知名度。2007年11月30日下午，“仙居县绿色稻米推介会”在杭州成功举行，标志着仙居县绿色稻米产业开发正式拉开序幕。此后，我们提出口号“仙居绿色稻米，让您回归18世纪的绿色，享受21世纪的品质”。《仙居绿色农业》专题片和宣传画册相继录制完成，通过媒体大力宣传，其知名度和美誉度不断上升（图4-45至图4-53）。

图4-45 绿色农产品专卖市场开业

图4–46　新闻发布会

图4–47　2007年仙居县优质大米杭州推介会

图4–48　2018年仙居县优质大米杭州推介会

（仙居县农业农村局供图）

“2019仙居好稻米”金奖

主　体	品　种
仙居县仙贡农业发展有限公司	中香1号
仙居县羿新农业发展有限公司	嘉禾优7245
仙居县上辽种养殖专业合作社	玉针香
仙居县朱溪镇石坦头种养殖专业合作社	万象优982
台州市深绿农业科技有限公司	中浙优8号
仙居县仙贡种养殖专业合作社	浙香银针
仙居县百合兰种养殖专业合作社	玉针香
仙居县九度红农业发展有限公司	野香优210
海亮生态农业仙居有限公司	玉针香
仙居县达亨种养殖专业合作社	天两优3000

图4–49　“2019仙居好稻米”食味评比大会

（仙居县农业农村局供图）

“2019台州好稻米”金奖获奖名单

序　号	主　体	品　种
1	仙居县达亨种养殖专业合作社	天两优3000
2	仙居县朱溪镇石坦头种养殖专业合作社	万象优982
3	温岭市坞根新连家庭农场	中浙优1号
4	温岭市箬横粮食专业合作社	万象优111
5	仙居县仙贡种养殖专业合作社	浙香银针
6	台州市路桥区跃勇水稻专业合作社	中浙优8号
7	台州市椒江五谷植保专业合作社	甬优15
8	台州市曦禾生态农业发展有限公司	浙香丝苗
9	仙居县百合兰种养殖专业合作社	玉针香
10	温岭市箬横喜乐家庭农场	嘉禾218

图4-50　在“2019台州好稻米”评选中取得好成绩

图4-51　第一届杨丰山梯田农民丰收节

图4-52　第二届杨丰山梯田农民丰收节

图4-53　神仙居商标授权暨“神仙居”区域公用品牌启动仪式

第五节　“稻+”模式创新

一、稻+农旅

利用农业景观和农村空间发展旅游业是一种新型农业经营形态。农业与旅游业的融合发展既能增加农民收入，又能推动农村农业的发展，符合国家乡村振兴的战略部署。仙居县自身的旅游资源十分丰富，神仙居景区为国家级风景名胜区，有西罨寺、永安溪漂流、皤滩古街、俞坑自然保护区等知名旅游景点。永安溪为境内主干河道，自西南向东北斜贯全境，流域内下各、城关、田市、横溪4个河谷冲蚀平原为仙居县优质水稻生产基地。如何将仙居县优质水稻产业与旅游业融合发展，仙居县政府和农业部门一直进行积极的探索。在充分尊重优质水稻产业核心功能的基础上，合理开发利用农业旅游资源和土地资源，通过发展梯田景观、挖掘特色农业、展示特色民俗风情和弘扬下汤农耕文化等途径，发展农旅融合模式。例如，仙居县朱溪镇依托杨丰山2 000多亩古梯田独特的自然风光和人文景观，通过“合作社+梯田+农户”的形式开发以农耕梯田和民宿农家乐为依托的梯田旅游；采用“合作社+农户+优质大米+电商”模式，发展适宜山区种植的高山生态农业、绿色（有机）农业，开发以农耕梯田和民宿农家乐为主的梯田旅游，鼓励农户种植优质水稻，积极推动“卖稻谷”向“卖品牌稻米”转变，提升稻米价值，增加了农民收入。这种“稻+农旅”的模式，极大满足了城市居民对多元化旅游的需求，同时也吸引了社会资本投入到农业生产领域，改善传统农业生产基地的水电、交通等基础设施，对仙居的优质水稻起到了宣传和带动的作用（图4-54至图4-57）。

图4–54　风景如画

（仙居县农业农村局供图）

图4–55　庆丰收
（仙居县农业农村局供图）

图4–56　祭祀仪式
（仙居县农业农村局供图）

图4–57　文化长廊
（仙居县农业农村局供图）

二、稻+体育

仙居县近年来在加大优质稻米产业发展的同时，积极探索实践“稻田+体育+旅游”发展新模式，建设越野车道、自行车道、徒步道和绿道等体育休闲项目，吸引城市游客慕名而来，为乡村经济发展带来动力。例如，2019年10月，仙居县农业农村局、仙居县文广旅体局、朱溪镇人民政府联合举办了杨丰山梯田马拉松赛。赛事全程17km，从杨丰山村党建广场出发，沿西井、黄泥塘、西坑河、垟口、板辽等地，终点在杨丰山村党建广场，一路风景如画，2 000多亩的高山梯田色彩斑斓，宛如一幅幅壮美的田园画卷。梯田如链似带，层层叠叠，高低错落，线条行云流水，潇洒柔畅，巧夺天工，磅礴壮观，令人神往。游客在感受美丽田园生活的同时，也能享受到体育运动带来的乐趣，“农业+体育+旅游”成为仙居县的一张金名片（图4-58）。

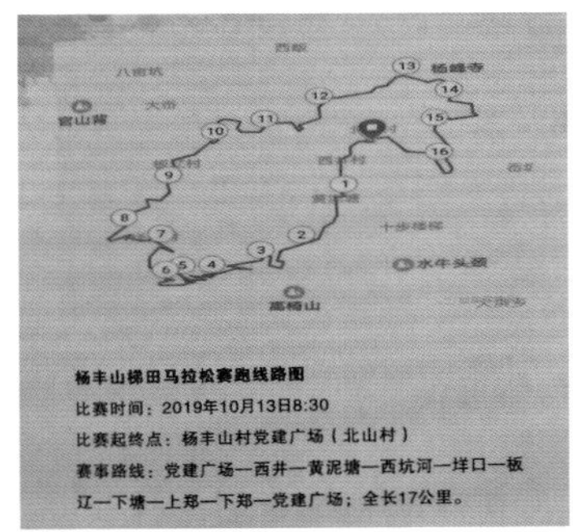

图4-58　杨丰山梯田马拉松赛

（仙居县农业农村局供图）

三、稻+教育

仙居县充分利用自身优质的旅游资源和农业资源，全方位打造一批集生态农业生产示范、生态观光、科普教育、乡游教学、农产品展示、科技培训、科研推广为一体的大型生态观光体验基地。2019年2月11日，浙江省教育厅办公室、浙江省文化和旅游厅办公室联合发文，公布了首批浙江省中小学生研学实践教育基地和营地名单。作为浙江省首批中小学生研学实践教育基地和营地，是由省级有关部门以及各地区市教育部门、文化和旅游部门共同推荐的基础上，经组织对基地与营地课程审核、实地勘探、专家评审并综合评定后确定的。其中，“海亮生态农业仙居研学基地”从上报的近100家单位中脱颖而出，被正式认定为“浙江省中小学生研学实践教育基地”。

海亮生态农业仙居研学基地依托明康汇浙江仙居观光体验农场打造而成。该基地目前已逐步打造成为一个“拥抱四季”的研学园，结合室内授课和室外体验式培训的方法，在为同学们传递农业知识的同时，也为了塑造他们健全的人格。例如，以水稻为主题的研学课程，通过精心设计播种、除草、收割等系列活动，让每一个来到这里研学的小同学都可以学习和了解水稻相关的知识，并通过相关实践环节感受到农业、农村和农民的不易。同学们从开始的好奇和惊喜，到劳动时的汗流浃背，再到看到稻粒的收获满满，劳动的意义早已刻入同学们的记忆，也在这种体验中培养了坚强、勇敢、团结的良好品质（图4-59）。

图4-59　学生们在海亮游学基地实践

九度红农业发展有限公司是践行“稻+教育”模式创新又一典范。仙居县九度红农业发展有限公司是一家专门从事农业产业化经营，走绿色生态发展之路的农业企业。九度红农耕基地利用仙居得天独厚的生态优势，依托中国农业科学院、中国水稻研究所等科研平台，通过中国工程院胡培松院士、中国科学院钱前院士等专家团队，陆续引入优质农业资源和技术体系，以绿色科技示范为先导，以高品质社区支持农业（CSA）试验区和中小学农耕研学体验园为两翼，致力于建设美丽田园，打造乡村振兴“新引擎”。

2019年，九度红公司位于仙居县埠头镇九都港沿岸的农业基地正式启航，陆续开展了一系列丰富多彩的农耕活动，实现了开门红。2019年8月，九都港基地正式与中国水稻研究所签约，成为该“国字号”研究所在台州市唯一的优质稻新品种试验示范基地，2020年4月与胡培松院士正式签署“高档优质香稻的试验示范与应用”项目合作协议。两年来完成近80个优质稻新品种田试选育和10余万千克优质稻生产目标。自动化粮食加工包装流水线、100m³大米冷库、全天候全景全时60倍光学变焦超高清远程田间监控系统、农耕书院、农产品检测室等农用设施2020年底陆续完工，并顺利通过省级科技示范场、部级粮食绿色高质高效行动示范基地创建验收。2019—2020年，先后举办了10余场累计近1 500人次面向全县幼小学生的农耕研学体验活动，让孩子开阔眼界增长见识，得到老师、家长和孩子们的一致好评（图4-60）。

图4-60　学生们在九度红游学基地实践

第六节　创新机制，健全组织

一、健全工作推进机制

仙居县委县政府对绿色稻米产业开发高度重视，把它列入乡镇、部门年度工作考核目标，作为加分和政绩的重要依据；把绿色稻米生产作为提升农产品质量、促进绿色农业快速发展的重要抓手来抓，强化建设责任；全面落实了各项工作措施，建立了绿色稻米生产工作班子，明确了责任领导、职能部门和具体责任人；建立了定期联系指导、协调沟通和检查督促制度，全面推进绿色稻米基地建设，努力向建设“浙江省绿色农产品生产基地”战略目标迈进。并于2007年底制定了《仙居县绿色稻米发展规划》，2008年8月13日出台了中共仙居县委、仙居县人民政府《关于建设绿色农产品生产基地的若干政策意见》，对绿色农产品生产基地建设进行重点扶持。

县里专门建立了项目领导小组，分管县长任组长，成员由农业、科技、财政等部门和重点乡镇领导组成，负责总体规划的制定、人员的调配和资金的落实。县农产品质量安全监督管理科和农技推广中心抽调技术骨干组成技术小组，具体负责项目的实施工作。

各乡镇由分管领导挂帅、农技站责任农技员为骨干、村干部和村农技员为主力，建立相应的领导和实施组织。

全县上下形成了一个层次分明、体系完整、保障有力的领导和实施体系（图4-61）。

图4-61　全县责任农技员参加县里举办的业务培训班

二、建立“三位一体”农技责任制度

每个基地责任到人，落实“三位一体”农技责任制度，每个绿色稻米基地均采用首席专家领办，农技指导员和责任农技员具体负责技术服务方式，推广绿色标准化栽培技术，抓好农产品生产过程和产地准出监管，全面落实农技服务责任。每个农技人员负责5～8个基地的技术培训、技术指导和全程质量监管，并联系指导一个乡镇、一个农业企业或合作社、10个种植大户，对联系的基地产品质量负总责。利用该农技制度，推广绿色稻米标准化生产技术，抓好绿色稻米生产过程和产地准出监管。

为保证品质，水稻收割前，责任农技员对基地进行不定期大样本抽检两次，收购时再检验，以起到“双保险”作用。一旦发现不合格稻谷，无条件退回。县农业局、镇党委政府、合作社对参与基地建设的农技人员共同绩效考核，考核结果与农技人员的奖金福利、职称评聘、学习进修挂钩。如果抽检不合格1次，扣责任人奖金500元（图4-62至图4-66）。

图4-62　“三位一体”农技责任制度

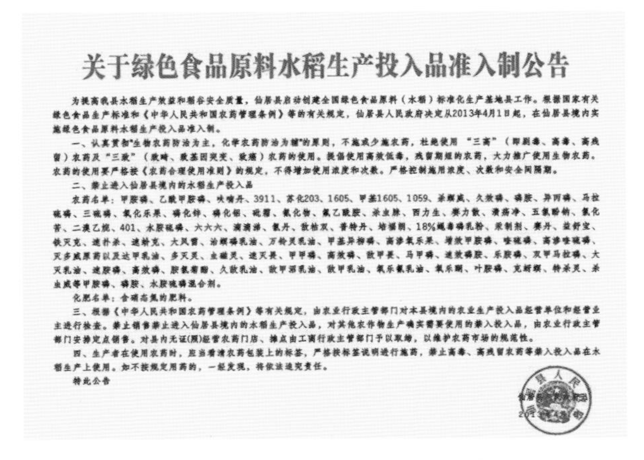

关于绿色食品原料水稻生产投入品准入制公告

为提高我县水稻生产效益和稻谷安全质量，仙居县启动创建全国绿色食品原料（水稻）标准化生产基地县工作。根据国家有关绿色食品生产标准和《中华人民共和国农药管理条例》等的有关规定，仙居县人民政府决定从2013年4月1日起，在仙居县境内实施绿色食品原料水稻生产投入品准入制。

一、认真贯彻"生物农药防治为主，化学农药防治为辅"的原则，不施或少施农药，杜绝使用“三高”（即剧毒、高毒、高残留）农药及“三致”（致畸、致基因突变、致癌）农药的使用。提倡使用高效低毒，残留期短的农药，大力推广使用生物农药。农药的使用要严格按《农药合理使用准则》的规定，不得增加使用浓度和次数。严格控制施用浓度、次数和安全间隔期。

二、禁止进入仙居县境内的水稻生产投入品

农药名单：甲胺磷、乙酰甲胺磷、呋喃丹、3911、苏化203、1605、甲基1605、1059、杀螟威、久效磷、磷胺、异丙磷、马拉硫磷、三硫磷、氧化乐果、磷化锌、磷化铝、砒霜、氰化物、氟乙酰胺、杀虫脒、西力生、赛力散、溃疡净、五氯酚钠、氯化苦、二溴乙烷、401、水胺硫磷、六六六、滴滴涕、氯丹、敌枯双、普特丹、培福朗、18%蝇毒磷乳粉、汞制剂、赛丹、益舒宝、铁灭克、速扑杀、速蚧克、大风雷、治螟磷乳油、万铃灵乳油、甲基异柳磷、高渗氧乐果、增效甲胺磷、喹硫磷、高渗喹硫磷、灭多威原药以及达甲乳油、多灭灵、虫螨灵、速灭畏、甲甲磷、高效磷、敌甲畏、马甲磷、速效磷胺、乐胺磷、双甲马拉磷、大灭乳油、速胺磷、高效磷、胺氯菊酯、久敌乳油、敌甲源乳油、敌甲乳油、氧乐氰乳油、氧乐酮、叶胺磷、克蚜螟、特杀灵、杀虫威等甲胺磷、磷胺、水胺硫磷混合剂。

化肥名单：含硝态氮的肥料。

三、根据《中华人民共和国农药管理条例》等有关规定，由农业行政主管部门对本县境内的农业生产投入品经营单位和经营业主进行检查。禁止销售禁止进入仙居县境内的水稻生产投入品，对其他农作物生产确实需要使用的禁入投入品，由农业行政主管部门安排定点销售。对县内无证(照)经营农药门店、摊点由工商行政主管部门予以取缔，以维护农药市场的规范性。

四、生产者在使用农药时，应当看清农药包装上的标签，严格按标签说明进行施药，禁止高毒、高残留农药等禁入投入品在水稻生产上使用。如不按规定用药的，一经发现，将依法追究责任。

特此公告

图4-63　农业投入品准入制度

图4–64　技术指导

图4–65　签订责任书

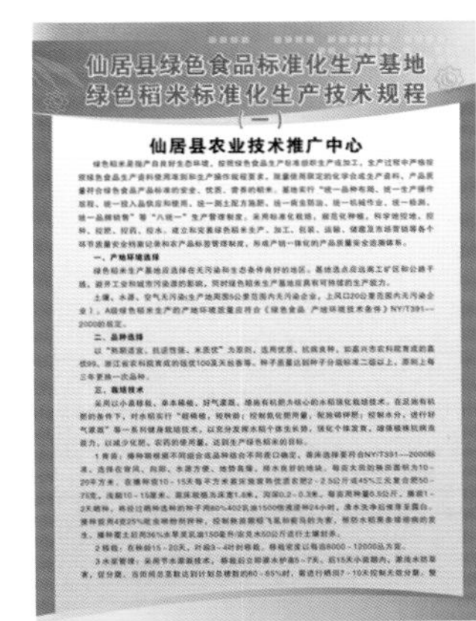

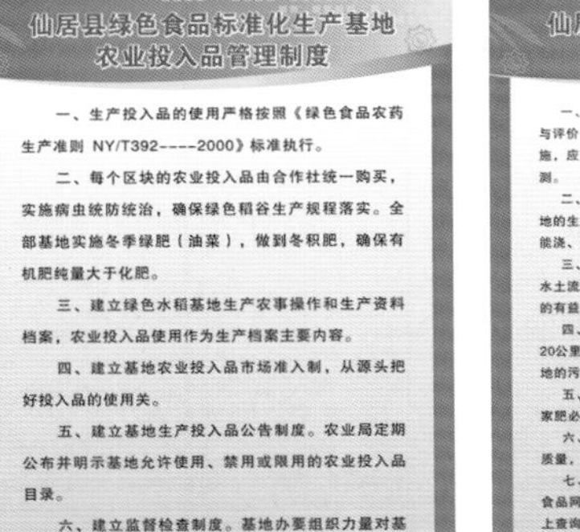

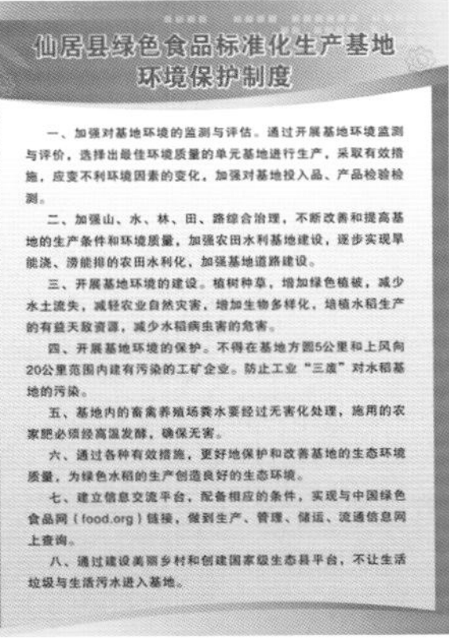

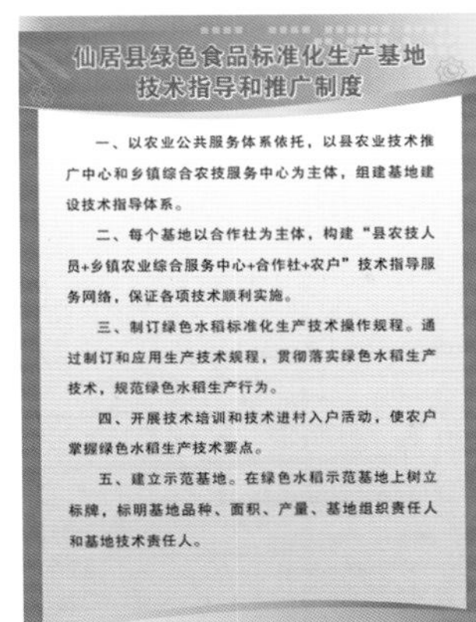

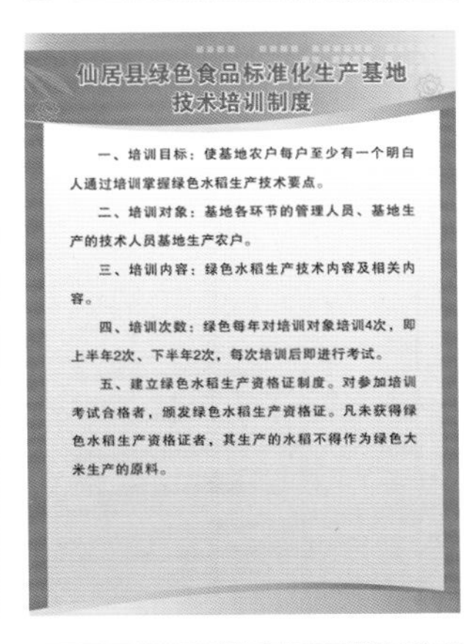

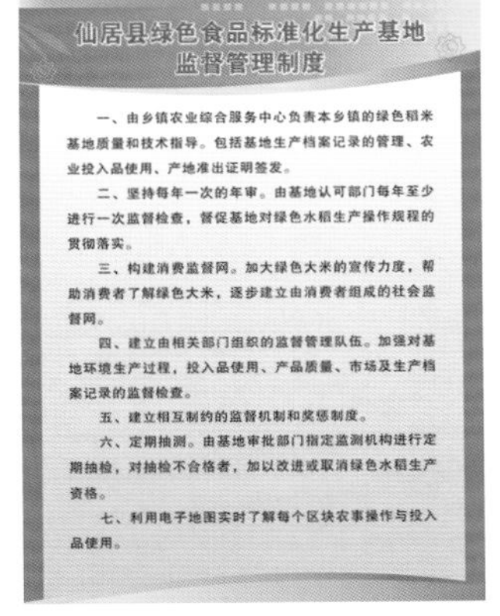

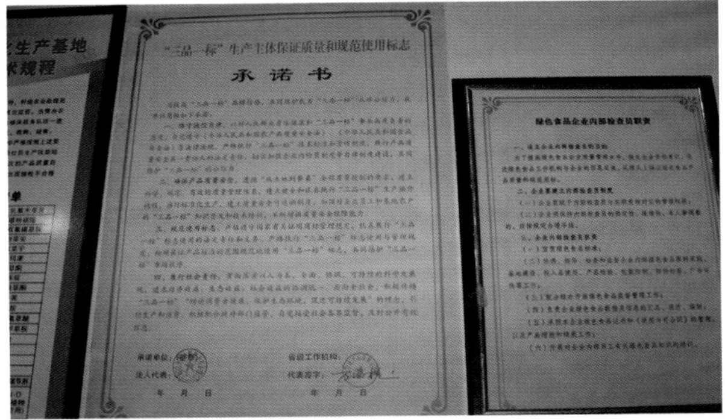

图4-66　制度建设

三、实施科学高效的运行机制

全县不断健全绿色稻米产业的运行机制。采取“定点收购、订单农业”和“市场+公司（合作社）+基地+农户”产业化经营模式，把生产、加工、科研、销售等环节有机结合起来，一头连市场，一头连农民，已成为增加农民收入的重要支撑，同时积极发展电子商务，为仙居稻米提供线上线下全渠道销售服务，实现从产地到餐桌的无缝对接，实现产业化运作。

（一）开展宣传培训

为营造绿色稻米发展氛围，倡导绿色农业理念，推广绿色稻米标准化生产技术，我们以发展绿色稻米的必要性、绿色稻米标准化技术两方面为重点，大规模开展了多层次、多形式的技术培训。一是与县委组织部联合分期分批开展全县性乡镇干部、村支部书记、村民主任参加的大型技术培训会，计4 800人次；二是组织农技人员结合新型农民培训和农民职业技能培训，实行分片、分村包干，培训骨干农民58批，计11 600人次；三是对全县所有绿色稻米基地农户进行技术培训，共培训各类人员3万多人次，发放技术资料5万多份（绿色稻米相关标准和标准化生产技术规程等），有力地促进了绿色稻米产业的发展。

浙江省农业厅、中国水稻研究所、台州市农业局、台州市农业科学研究院的领导和专家多次来仙居精心指导，给我们以极大的支持和帮助。县委县政府高度重视宣传工作，深入挖掘仙居绿色农业的文化底蕴，塑造好“仙居”“绿色”品牌的生态形象和文化内涵，组织企业、合作社参加在台州、杭州、上海、广州、北京等地举行的各级各类农业博览会、产销对接会，广泛宣传仙居绿色农产品的优势和特点，为企业搭桥铺路，扩大知名度。

（二）狠抓产品质量和品牌

在落实生产基地的同时，把产品质量安全作为一件大事来抓。每个基地都落实质量监管人员，建立生产档案，规范农业投入品的使用和管理，并实行产地编码和质量可追溯制度。此外，还抓牢基地和产品的绿色认证工作，一批基地已通过绿色认证。

（三）农业龙头企业建设

我国稻米销售价格高低相差10倍以上，实现稻米大幅度增值关键是要创稻米知名品牌。创知名品牌要把握稻米“好看”和“好吃”两方面，

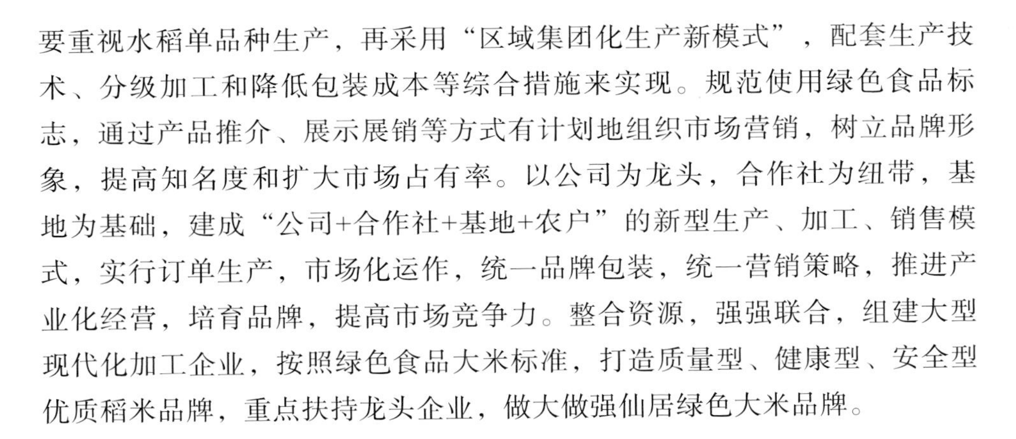

要重视水稻单品种生产，再采用“区域集团化生产新模式”，配套生产技术、分级加工和降低包装成本等综合措施来实现。规范使用绿色食品标志，通过产品推介、展示展销等方式有计划地组织市场营销，树立品牌形象，提高知名度和扩大市场占有率。以公司为龙头，合作社为纽带，基地为基础，建成“公司+合作社+基地+农户”的新型生产、加工、销售模式，实行订单生产，市场化运作，统一品牌包装，统一营销策略，推进产业化经营，培育品牌，提高市场竞争力。整合资源，强强联合，组建大型现代化加工企业，按照绿色食品大米标准，打造质量型、健康型、安全型优质稻米品牌，重点扶持龙头企业，做大做强仙居绿色大米品牌。

（四）粮食专业合作社建设

粮食专业合作社是发展绿色稻米生产的重要载体。凡建有绿色稻米基地的乡镇，都应建立粮食专业合作社，由合作社负责落实基地和绿色认证，解决社员一家一户想做又做不了的事。开展技术培训，统一实施标准化技术规程，建立农业投入品监管体系和开展病虫统防统治等工作。重点基地的合作社要有收购、储藏仓库及加工用房，配置小型汽车、弥雾机、收割机、大米精加工机械等设备。通过培育合作社，实现基地产前、产中、产后的统一管理和服务。

为保证上述技术的落实到位，种植农户与公司、合作社签订质量安全承诺书。生产基地建立农业投入品监管组织和植保服务组织，落实农产品质量安全控制措施，建立完整田间生产档案。生产档案应记录产地环境、生产技术、肥料使用、病虫害防治、收获贮藏等相关内容。建立内部监督管理制度，对各项标准的落实、投入品的使用等进行动态监督。实行产地编码，对区域内实行地块管理，并绘制地域分布图和地块分布图，进行统一编号。原始生产档案记录规范，并保存两年以上。加强社员生产技能培训和质量安全意识教育，提高生产者整体素质。配备相应速测设施，实行每批次的产品质量自检，并有完整记录。建立和完善农产品生产、加工、包装、运输、储藏及市场营销等各个环节质量安全档案记录和农产品标签管理制度，形成产销一体化的产品质量安全追溯信息网络。基地自觉接受绿色食品定点产品质量检测机构的抽检，不能出现抽检不合格现象。

用好“三联三送三落实”活动平台，建立健全专家服务绿色防控示范点机制，加强对绿色防控示范区的科学指导、精准服务。积极探索化学农药定额施用的方法模式，通过政府、主体购买服务等方式，支持和鼓励植保服务组织将定额制和绿色防控技术融入统防统治，形成农药定额制推广机制（图4-67）。

图4-67　优质稻米生产基地

第七节　多方支持，形成合力

仙居县在优质稻米产业发展上得到了浙江省农业农村厅、台州市农业农村局等政府部门的大力支持，也得到了中国水稻研究所、九三学社浙江省委、浙江省农业科学院、台州学院、台州市农业科学院等科研院所、民主党派和社会各界的多方支持，尤其是中国水稻研究所在优质水稻品种、栽培技术、学习培训、项目支持、品牌宣传、结对帮持等方面均给予了全力支持，见证了仙居优质稻米产业的点滴成长（图4-68）。

图4–68　各级领导、专家为仙居优质稻米产业献计献策

第五章　仙居县优质稻米产业发展存在的问题和对策

第一节　仙居县优质稻米产业发展的制约因素

一、优质稻米难以实现优质优价

一般来说，优质稻谷单产要比普通稻谷低20%左右，且优质稻谷存在抗病力弱、生产管理难度大、人工成本高等问题，因此优质稻谷在生产成本上要远高于普通稻谷。优质水稻在收购时，销售单价比普通水稻的确高了一些，但真正算下来，整体收益不一定比得上普通水稻。加上部分农民种稻时，为追求利润最大化，忽视优质稻谷品种的选择和田间管理。另外，目前粮食收储政策和流通环节管理不畅，使得优质稻米在优质优价上还存在不少障碍。

二、缺乏完善的社会化服务体系

农业社会化服务可以概括为生产、金融、信息、销售等几大类服务。其中，农业生产服务又可以分为产前、产中、产后三个阶段。产前，包括农业生产资料购买服务、良种引进和推广服务；产中，包括集中育苗育秧服务、机播机种机收等机械化服务、肥料统配统施服务、灌溉排水服务、植物检疫和病虫统防统治服务；产后，包括农产品加工服务、农产品运输及储藏服务、产品质量检测检验服务。从整体上看，仙居县目前农业生产社会化服务的有效供给能力还比较低，不能完全匹配各农业生产主体对农业生产社会化服务的需求。大多数的普通农户不了解农业生产的各类社会化服务内容，而一些家庭农场和专业大户对于机播机种机收等机械化服务

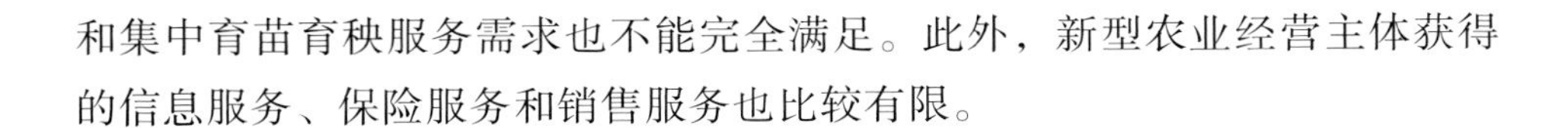

和集中育苗育秧服务需求也不能完全满足。此外，新型农业经营主体获得的信息服务、保险服务和销售服务也比较有限。

三、优质稻米生产的科技支撑有待进一步加强

缺少适合山区的农业机械，尤其是缺少适合山区机耕、机插、机收等农业机械。

水稻优质品种一般易感稻曲病，而稻曲病对稻米品质影响较大，需要继续开展稻曲病的防控研究。

灾害性天气对绿色稻米生产影响大，仙居县受台风的影响概率较大。因此要选择既要产量高、品质好又要抗倒能力强的优质水稻品种是当务之急。

四、基层农技人员任务重

农业技术推广人员是农业科技成果转化的倡导者、传播者和实施者。基层农技推广人员作为各级农业主管部门联系农民的最后一环，是面向“三农”的窗口，长期以来分担了“三农”工作中各种事务的具体落实，如农业技术推广应用、农村动植物疫病防疫、农产品质量监管、农业信息发布、重大科技推广承接实施、农村土地整理、农业综合开发、农田水利建设、落实惠农政策等，在农村工作中发挥重要作用。绿色稻米产业发展越快，基地技术培训和质量监管任务越重，农技人员责任越大。加上行政事务占用时间较多，服务基层的业务工作就会受限。

五、农业生产经营主体老龄化

随着经济的快速发展，农村从业人口的结构发生了巨大变化，农村壮年劳力进城，不仅导致了农业劳动力数量有所下降，而且农业劳动力质量也有所下降，出现了农村空心化、农民老龄化、农业兼职化。农业劳动力数量与质量的问题日益凸显，这就带来一个问题：今后谁来种地？

第二节 仙居县优质稻米产业发展对策

一、实施优质稻米产业战略

优质稻米因具有较好的外观属性、较高的食用品质、较少的杂质和不完善粒等，在一定程度上代表了好吃、好看，是满足消费者对好吃大米需求最为有效的依据，更是从消费端引导粮食行业供给侧改革的重要支撑，是稻米产业的发展趋势。受制于客观条件的限制，当前优质稻米产业的发展受到了一定程度的限制，但应该坚定信心，实施优质稻米产业战略。一是要保证优质原料供给，全程信息和质量可追溯，并建立第三方监督检查及创新营销方式。二是要加强对稻米加工的引导，避免过度加工会造成大米食味品质、营养品质下降。三是要协调好优质和产量之间的关系。要打破体制上相互分割的格局，把科研、生产、收购、加工、销售各环节通过利益纽带联结起来，整合成一个完整的农业产业化链条。

二、进一步构建和优化仙居优质稻米产业的社会化服务体系

针对广大种植户不了解稻谷生产社会化服务内容，未来可通过加大宣传力度，让更多生产经营主体了解到农业生产社会化服务；同时应加快建立“以公共服务机构为依托、合作经济组织为基础、龙头企业为骨干、其他社会力量为补充”的新型农业生产社会化服务供给体系。政府或公共服务组织主要提供专业性和公益性的农业生产社会化服务，而农业产业化龙头企业、其他家庭农场、专业大户、普通农户主要提供和实际生产相关的一些经验性与经营性农业生产社会化服务。通过公益性服务和经营性服务相结合、专项服务和综合服务协调发展，增强农业生产社会化服务的有效供给能力。

针对金融服务存在的短板，要出台政策，在合规的基础上，尽量满足和丰富新型农业经营主体的融资渠道，增加正规金融机构对新型农业经营主体的金融支持力度。

三、进一步加强仙居优质稻米产业的科技支撑

科技支撑应该从科技投入、科研开发与攻关、科研协作、科技宣传与推广4个方面来进行升级。在科技投入上，政府和企业要持续不断地增加科研投入，促进科技创新成果的转化效率；在科研开发与攻关上，重点应在新品种、新技术、新产品上多下些真功夫，在稻米全产业链打造上下功夫；在科研协作上，应全力推动科研、教学、生产的结合，加强多层面的科研协作，创造条件推动水稻院士工作站和农业院校实验基地的建设，也可以引入高等农业院校建立分校，直接与农业进行对接服务，助力稻米产业发展；在科技宣传与推广上，要加强宣传平台建设，不断拓展科技宣传与推广的覆盖面。开发适合仙居山区稻米生产的插秧机，选育和推广具有较高产量水平、品质指标达国标三级以上、抗病性好、适应性广的优质水稻新品种尤显紧迫。

四、提升基层农技人员的业务能力和服务水平

为满足优质稻米产业发展的需要，应采用灵活的政策，优化并扩大基层农技推广人员的队伍，细化并明确基层农技人员的核心业务，提升服务“三农”的水平，把服务对象对农技人员的评价作为考核的重要内容，严格按照工作业绩考核，形成长效管理制度。制定相应政策措施，鼓励和保障大专院校、科研院所、农民专业合作组织、农业龙头企业和其他中介服务机构、种粮大户等参与到农技推广工作中，加快形成多形式、多元化、多渠道的农技推广格局。加强农技推广模式的创新和基层农技人员知识结构的更新。不断建立完善农业技术推广法律法规体系，从制度上规范农业技术推广主体的推广行为。

五、多方协同，培育“粮二代”

要突出抓好“两新”工作。一“新”是要培育新型经营主体，加强新型经营主体的示范引导，推动出台市场准入、税费减免、资金支持、人才引进的扶持政策。二“新”是要构建新型农业经营主体，主要是要推进合作式、订单式、托管式、承包式等服务模式，鼓励和支持新型经营主体从事集中育秧、测土配方施肥、病虫害统防统治等农业公益性服务，探索

创新农村公益性服务有效供给机制和实现形式。通过这些措施，解决谁来种地的问题。同时，要培养专业的、对优质稻米产业有强烈热忱的“粮二代”。“粮二代”跟父辈相比，有更多的知识储备，熟悉网络用语，对新生事物比较敏感。尤其是鼓励大学生返乡当“粮二代”，能胜任农机手也能当“农创客”。针对新农人，要加强提供新技术新品种等科技支撑和新型职业农民培训服务，通过开展专家现场指导、成人教育培训等方式，增加“粮二代”的农业种植和经营管理方面的知识。政府在优质稻米销售、银行信贷方面对“粮二代”尽心扶持，引导“粮二代”走质量兴粮之路，走质量、品牌之路。

六、进一步提升仙居优质稻米的产业模式

仙居县稻米产业模式的升级一定要围绕着生态化、规模化、集聚化大做文章。在稻米产业生态化方面，应该依托县域优越的区域生态条件，不断加大立体生态种养一体化模式的探索，将成熟模式在更大范围推广，全面改变传统稻田单一种植结构，将“一水多用、一地多收”的经济效益做到最大化。在稻米产业规模化方面，要通过新型城镇化、新型工业化和农业现代化建设来解决现有农村存量人口的就业与向城镇转移问题，使土地更多地流转出来，为稻米产业的规模经营、机械化作业、标准化生产创造更好的条件。在稻米产业集聚化方面，要以稻米的生产基地、加工园区、批发交易市场建设为重点，促进稻米加工企业联合重组，形成产业集群，全力打造全产业链条，把生产、收购、检验、加工、贮运、批发、销售系统联成一体，实现“粮”“食”转化的不断增值。

参考文献

董渤，郭静利，2019. 印度稻米产业研究与前景展望[J]. 农业展望，15（2）：28-33.

李斌，2017. 水稻栽培技术措施对稻米品质的影响探讨[J]. 农民致富之友（18）：154.

潘长虹，段瑞华，马玉萍，2020. 优质稻米生产要点探讨[J]. 农村经济与科技，31（8）：17-18.

帅强，王伟，2017. 淮安优质稻米生产基地建设初探[J]. 上海农业科技（6）：53-54.

杨建春，杨小康，朱莹，等，2020. 优质稻米评定方法和生产主要影响因素[J]. 江苏农业科学，48（9）：56-59.

张益彬，杜永林，苏祖芳，2003. 无公害优质稻米生产[M]. 上海：上海科学技术出版社.

张志东，2020. 日本大米品牌化营销策略及对黑龙江稻米产业的启示——以新潟、山形县为例[J]. 对外经贸（7）：69-71.

NALUN PANPLUEM，2020. 泰国有机稻米产业链评价分析[D]. 北京：中国农业科学院.

SASIVIMOL JITBANTERNGPAN，2020. 泰国4. 0战略背景下有机香米产业发展研究[D]. 北京：中国农业科学院.

附　录

附录1　仙居县做实做强做优粮食生产工作总结

争做粮食绿色高质高效排头兵　打造粮食生产示范性全产业链

——仙居县做实做强做优粮食生产工作总结

仙居万年下汤石器时代文化遗址出土的石磨盘和石磨棒等石器，不但补全了河姆渡古文化遗址中出土稻谷所隐藏的制作和食用的历史，也展现了仙居做好粮食生产工作是深埋在血液里一脉相承的传统。近年来，仙居坚持走绿色高质高效粮食产业发展道路，夯实粮食生产基础，优化粮食产业体系，打造粮食产业品牌，走一二三产业融合道路，努力打造出一条省级仙居稻米产业示范性全产业链。粮食产业的发展为仙居获评全国基层农技推广体系改革与建设示范县、全国农产品加工示范基地、全国有机食品生产基地、全国绿色食品原料（水稻）标准化生产基地、全国休闲农业与乡村旅游示范县、部级粮食绿色高质高效示范县、部级化肥减量增效示范县、浙江省生态循环农业示范县、浙江省农产品质量安全放心县和浙江省农业标准化生产示范县等荣誉称号做出巨大贡献。

一、夯实粮食基础，提质增量常态化

仙居历年来十分重视粮食播种面积和粮食产量，实现稳中有升的工作态势。2016—2019年仙居粮食生产面积分别为16.75万亩、19.27万亩、17.75万亩、17.76万亩，每年都超额完成粮食播种面积考核任务；2016—2019年，粮食总产分别为6.84万t、7.50万t、7.45万t、7.27万t，2019年，因受超强台风“利奇马”影响，水稻产量有所下降，粮食总产7.27万t，完成

灾年夺丰收的目标。水稻单产稳定在亩产500kg以上，水稻单产水平位于台州市前列。高产创建成绩突出，2017年水稻高产示范方平均亩产975.1kg、最高亩产990.7kg；2018年平均亩产972.2kg、最高亩产1 026.8kg；2019年受“利奇马”台风严重影响，最高田块单产仍达934.7kg/亩，单季稻产量综合水平居全台州市前列。

二、完善政策保障，奖励扶持特色化

三年来，仙居县将稻米产业振兴列入县委县政府重点工作，并写入党代会报告、政府工作报告，每年出台相关扶持政策文件（仙政发〔2017〕23号、仙政发〔2018〕47号、仙政发〔2019〕19号）等粮食生产专项文件，在政策上给予重点扶持。2017—2019年三年每年县财政在规模种粮补助、社会化服务、高产示范奖励、种子储备、订单奖励、植保综防、粮食政策性保险等方面投入配套资金分别为569.131万元、684.971万元、636.927万元，平均630.343万元，显著高于2016年的447.051万元。仙居县制定的“水稻高产奖励”“优质稻米奖励”2项政策，走在台州市前列，出台了台州市首个优质稻米评比奖励政策，扩大了社会影响力，成为台州样板。

三、超额提标改造，产粮能力再优化

仙居县粮食生产功能区建设任务8万亩，已建成8.06万亩，完成率100.75%，全面完成粮食生产功能区建设任务，落实管护责任，保持种粮属性。2018年、2019年粮食生产功能区提标改造任务每年都是4 000亩，实际完成4 204亩和4 478亩，均超额完成。近三年，仙居县粮食生产功能区粮食复种指数均在1.2以上，居台州市前列。

四、紧盯肥药双控，种植过程绿色化

仙居6万亩全国绿色食品原料（水稻）标准化生产基地是浙江省内最早也是目前唯一的全国绿色食品原料（水稻）标准化生产基地。2018年，被农业部列为全国粮食绿色高质高效创建示范县和全国化肥减量增效示范县。2019年，被农业农村部列为部级粮食绿色高质高效行动示范县。仙居在粮食绿色生产上不遗余力，全面推行农药实名制和化肥定额制。在生产环节，实施绿色优质稻米减肥、减药工程，通过种植诱虫和蜜源植物、放置杀虫灯和性诱剂、应用对口高效低毒农药等物理、生态、生物等综合措施，降低水稻虫害发生基数和病害流行风险，减少农药使用次数和农药使用量。并严格按绿色稻米标准化生产技术要求，建立和完善质量安全档案记录和农产品标签管理制度，推行“五统一”种植管理模式。重点开展稻渔推广，提高生态种养管理水平，增强粮食生产可持续发展能力，全县推广稻渔共生种养模式3 000亩。在终端环节，每年定量检测稻米样品60批次。同时推进省级农产品质量安全追溯体系建设，在稻米生产基地等主要区域安装“电子眼”与“智慧监管”平台进行数据对接，相关监管人员通过“智慧监管”平台就能对企业进行远程实时监控。近三年化肥农药施用量保持下降，实现三连降，其中，化肥，2017年减少282t，2018年减少167t，2019年减少160t；农药，2017年下降3.1t，2018年下降2.9t，2019年下降2.6t。秸秆综合利用率分别为90.5%、93.1%、96.2%。

五、强化技术服务，科技贡献扩大化

一是推进粮食生产“机器换人”。主推水稻全程机械化作业，发展适合仙居的山区型粮食生产机械化设施，重点推广无人机、水稻机插精量播种机、侧深施肥插秧机和水稻钵苗机插设施设备，集成水稻全程机械化生产技术模式。2017—2019年，水稻耕种收机械化率三年分别为65.1%、69.5%、72.3%，连续稳步提升。

二是完善的技术服务体系。成立优质稻米专家团队，落实水稻推广首席农技专家负责制度，建立以稻米产业首席专家为指导、农技指导员、责任农技员和300多个村级技术辅导员参与的技术推广网络体系，加强标准培训和宣传。水稻主导品种推广面积三年分别为10.5万亩、10.7万亩、10.9万亩，均超过10万亩考核指标任务。

三是加强粮食科研能力。成立浙江省粮油产业技术创新与服务团队仙居优质稻米产业专家工作站，与中国水稻研究所、浙江省农业科学院达成合作关系，并在仙居建立示范基地，制定并颁布实施了《绿色食品　水稻生产操作规程》和《绿色食品　大米加工技术规程》两个地方标准。《仙居县绿色稻米标准化生产技术研究与推广项目》曾获得浙江省农业丰收奖一等奖。

四是高职高能的人才保障。仙居县农作物管理站，现有正高级职称1人，高级职称4人，中级职称3人，初级职称3人，技术力量雄厚，为仙居粮食产业发展提供了优质的人才保障。

六、推进产销融合，粮食经营一体化

以注册及推广应用仙居大米地理标志证明商标为契机，推进优质稻产加销一体化经营。鼓励和引导粮食经营主体建立以订单、合同、股份等为纽带的利益联结机制。成立浙江省首个优质稻米产业联盟——仙居县优质稻米产业联合会。完成56家水稻社会化服务组织覆盖县域五大稻米生产区块，建成了5条日生产能力50t以上的大中型大米加工流水线、17家年用米量超过200t的米面加工企业和全国最大的米糠综合利用生产线，形成了大米、米糠油、米面、年糕等稻米加工系列产品，优质稻米产业化体系已经形成。连续举办“梯田产业发展推进会”“仙居杨丰山梯田农民丰收节”等大型活动，深度推进稻米产业农旅融合。组织仙居县优质稻米产业联合会成员参加杭州、南京、上海等地农博会，举办仙居稻米推介会和食味品鉴活动。开展仙居大米公用品牌打造，推动“卖稻谷”向“卖品牌稻米”转变，全方位推进优质稻米母子品牌体系构建，成功打造了“醉美杨丰山”等美丽梯田景观和一批稻米产品品牌。参加“2018浙江好稻米”“2018台州好稻米”和“2019浙江好稻米”“2019台州好稻米”评比，均获优异成绩，金奖数、获奖数均居全市第一。产业从业者平均增收0.5万元以上；同时为农村留守人员创造了就业机会，带动相关产业发展，有效促进农民增收。

七、提升抗灾能力，灾害应急预案化

三年来，仙居将粮食生产防灾减灾稳产列入常态工作，编制应急预案，全面落实防灾减灾稳产关键技术，未发生粮食作物病虫害重大灾情。仙居县农业农村局、仙居县供销社等部门每年组织本级粮食抗灾种子、农药、化肥储备和区域性应急调用安排，将水稻、大小麦等粮食作物整县域、财政全保障列入政策性农业保险。2019年超强台风“利奇马”正面穿过仙居境内，仙居县迅速组织救灾指导，及时下发《应对第9号超强台风防灾减灾技术措施》，出台《秋季鲜食甜玉米补播技术》《鲜食秋大豆补播技术》等指导意见；第一时间展开灾后巡查，提出疏通沟渠保畅通、及时喷药防病虫、根外追肥促生长、抢时补播争丰收等技术方案，为农户灾后自救、杜绝粮食作物重大病虫害灾情提供技术支持；加强种子种苗、肥料农药等物资的调运，确保恢复生产所需的物资及时到位；加快保险理赔，积极与保险公司对接，加快理赔速度，支持大户恢复生产；总结受灾情况，对受灾区块的受灾原因进行分析，优化农业种植规划，迅速恢复生产秩序。

附录2 关于仙居县杨丰山村产业发展思考

关于仙居县杨丰山村产业发展思考

一、仙居县杨丰山村基本情况介绍

仙居县杨丰山村位于仙居县城南面，朱溪镇西北面，距县城40km，距镇政府8km，海拔600m，由上郑、毛头、下郑、北山、下塘、西井、黄泥塘7个自然村组成，人口2 000多人，党员92人。杨丰山自然生态资源得天独厚，具有集云海、梯田、村庄于一体的田园风光，3 000多亩的古梯田如链似带，层层叠叠，高低错落，勤劳朴实的杨丰山人利用山区有利的自然资源，凭借土壤肥沃、光照充足、水源丰富、昼夜温差大等独特的梯田地理环境，在山坡地上生态种植有机绿色水稻，将杨丰山打造成台州著名的优质稻米生产基地。杨丰山村目前是中国水稻研究所结对帮扶村，建立了浙江省粮油产业技术创新与服务团队仙居优质稻米产业专家工作站，拥有绿色稻米规模经营主体2家，并通过了稻米绿色认证，2018年度“醉美杨丰山”被认定为浙江省“最美田园”，已连续举办了杨丰山梯田摄影节，2019年举办仙居杨丰山梯田农民丰收节。

二、仙居县杨丰山目前存在问题

杨丰山村交通不便、山地缓坡多、集体经济薄弱，公共设施建设等主要依赖政府投资，农业产业化生产、集约化经营步伐相对缓慢，缺乏龙头企业和合作社的有效带动。随着经济社会快速发展，杨丰山村大部分青壮年劳动力都选择进城务工或外出务工，农村留守老人居多，受教育程度普遍偏低，科技意识不强，生产经营能力较低，在农业新品种、新技术推广等方面力度不大。杨丰山村耕地主要形式是山地类型，由于在梯田进行水稻生产机械化操作极为不便，导致水稻生产的主要环节如播种、插秧、病虫害防治、施肥、收获等关键环节全部依靠人工，生产成本非常高。劳动力短缺制约优质稻产业发展，导致杨丰山村3 000亩梯田仅有1 000亩用于从事水稻种植，其余梯田荒废或缺乏合适农作物种植。梯田质量逐步劣化、大量荒废田存在、生态逐渐退化、梯田文化没有很好挖掘。

三、杨丰山发展思路

杨丰山村发展就是要充分利用水稻产业发展优势，一是做好杨丰山梯田保护，建立梯田保护开发长效机制，梯田修复需要大量资金，经测算至少需要上千万，恳请省级相关单位给予项目支持。二是发展优质稻米产业，充分发挥水稻所优势和行业影响力，重点通过筛选适宜杨丰山村优质稻米产业发展的水稻新品种、引进购买适宜梯田作业的机械、推广梯田水稻抛秧等轻简化栽培技术、打造优质大米品牌等，进一步提升稻米产业效益。恳请相关单位继续给予优质稻米产业发展的技术支持。三是打造农旅融合，打造杨丰山美丽田园和稻米文化主题公园，举办各类农事节庆，恳请省级相关部门给予农旅设施建设扶持。2020年，杨丰山将举办油菜花节（3月中旬至4月上旬）和梯田丰收节（10月），邀请省领导及省级相关部门领导出席杨丰山油菜花节和梯田节。四是建设杨丰山美丽乡村，深化农村环境综合整治，推进美丽庭院建设，重点整治千年古村西井村、最佳梯田摄影地下塘村和旅游接待中心北山村，发展杨丰山特色民宿，打造独具特色的稻米型产村融合乡村风情。五是推进全域旅游，围绕生态停车场、梯田观景平台、稻米文化主题公园、特色民宿进行整体规划，修建环线游步道，完善精品旅游线路，将全村资源点进行串点成线。

杨俞娟

二〇二〇年一月

附录3　绿色食品水稻生产操作规程

DB331024/T 17—2019

绿色食品　水稻生产操作规程

前　言

本标准按GB/T 1.1—2009《标准化工作导则　第1部分：标准的结构与编写》给出的规则编写。

本标准由仙居县农业农村局提出并归口。

本标准起草单位：仙居县农业农村局。

本标准主要起草人：朱贵平、杨俞娟、周奶弟、张惠琴、叶放、应卫军、戴亚伦、吴玉勇。

本标准为首次发布。

本标准的附录A、附录B、附录C为资料性附录。

绿色食品　水稻生产操作规程

1　范围

本标准规定了绿色食品水稻的产地环境、茬口类型及栽培方式、品种选择及种子处理、育秧、整田、移栽、田间管理、病虫草鼠害防治、收获、烘干、运输、贮藏、包装、生产记录等的技术要求和操作方法。

本规程适用于仙居县单季中稻的绿色食品水稻生产。

2　规范性引用文件

下列文件对于本文件的应用是必不可少的。凡是注日期的引用文件，仅注日期的版本适用于本文件。凡是不注日期的引用文件，其最新版本（包括所有的修改单）适用于本文件。

GB 4404.1　粮食作物种子　第1部分：禾谷类

GB/T 17109　粮食销售包装
GB/T 21015　稻谷干燥技术规范
GB/T 29890　粮油储藏技术规范
NY/T 391　绿色食品　产地环境质量
NY/T 393　绿色食品　农药使用准则
NY/T 394　绿色食品　肥料使用准则
NY 525　有机肥料
NY/T 593　食用稻品种品质
NY/T 1056　绿色食品　贮藏运输准则
NY/T 1765　农产品质量安全追溯操作规程　谷物
NY/T 2978　绿色食品　稻谷

3　术语和定义

本标准生产的稻谷应符合NY/T 2978标准。

4　产地环境

4.1　产地选择

产地应符合NY/T 391的规定。

4.2　种植区域

仙居县全域。

5　茬口类型及栽培方式

5.1　茬口类型

单季中稻：一年种植单季水稻，其前作包括绿肥、油菜、中药材、蔬菜或冬闲田。

5.2　栽培方式

栽培方式可选择人工育插、毯苗机插、钵苗机插、塑盘抛秧等。

6　品种选择及种子处理

6.1　选择原则

选择经国家或地方审定适宜本区域推广种植的生育期适宜、优质、丰

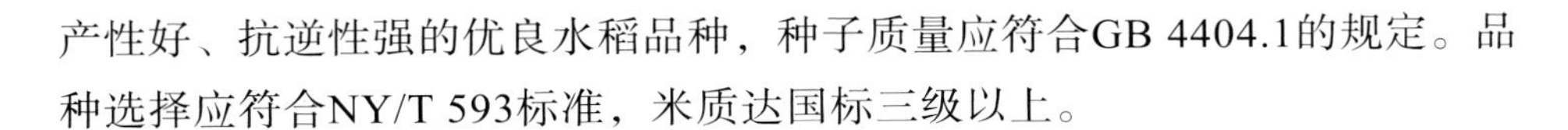

产性好、抗逆性强的优良水稻品种，种子质量应符合GB 4404.1的规定。品种选择应符合NY/T 593标准，米质达国标三级以上。

6.2　种子处理

6.2.1　晒种。播种前晒种，选择晴朗微风的天气，把种子摊在干燥向阳的席垫上，做到勤翻，使种子干燥度一致，晒1～2d，以增强种皮的透气性，提高发芽势和出苗率。将晒好的种子放在阴凉、干燥处存放。

6.2.2　选种。杂交稻种子利用风选、簸箕等去除杂质和空秕粒即可。

6.2.3　浸种。将经过晒种选种的种子用药剂浸种，杀灭种子传播病害。浸种消毒时间的长短应随气温而定，气温高短一些，气温低长一些，一般24～48h。

6.2.4　催芽。经过浸种的种子用清水洗净后催芽至露白。将吸足水分的种子堆放催芽，在堆放处铺上约10cm厚稻草，再在上面铺上塑料薄膜，种子摊匀，然后加覆盖物，每3～5h翻动1次，注意温度控制在30℃左右，温度低时用35～40℃温水淋堆增温，至80%左右的种子露白（芽长1mm）即可进行播种作业；规模化、专业化浸种催芽按种子催芽机（设备）的产品说明书进行。在催芽过程中，一定要选用透气性工具，通足气，常规温室控温催芽，切勿放到编织袋（化肥袋等）或密闭容器内催芽，更不能放在阳光下暴晒。

6.2.5　拌种。播种前用25%吡虫啉粉剂4g拌种，控制秧苗期稻飞虱和蓟马为害，预防水稻黑条矮缩病的发生。

7　育秧、整田、移栽

7.1　育秧

7.1.1　苗床准备。苗床选择应符合NY/T 391标准，选择无污染的地势平坦、背风向阳、排水良好、水源方便、土质疏松肥沃的地块作秧田。依据不同育秧方式，进行苗床准备、培肥及管理，旱育秧、机插秧、抛秧均按旱育秧苗床要求准备。

每亩大田的秧田面积为10～20m^2，在播种前10～15d每平方米苗床施腐熟优质农家肥2～2.5kg或45%三元复合肥50～60g，浅翻10～15cm，将所施肥料与表土充分搅拌均匀。苗床规格为床宽1.5～2.0m，沟宽0.3～0.4m，沟深0.2～0.3m。

7.1.2　播期。播种期根据当地海拔、气候特点、作物茬口和不同水稻品种确定，一般平原5月10—25日、山区4月20日至5月5日。

7.1.3　播种量。根据当地温光资源、不同育秧方式和水稻类型选择适宜播种量。移栽大田杂交稻每亩用种量0.5～0.75kg、常规稻1.0～1.5kg；机插秧杂交稻1.5～1.75kg、常规稻2.5～3.0kg；抛秧杂交稻0.75～1.25kg。

7.1.4　覆土。每平方米播75g左右芽谷，播后压种，使种子三面着土，然后用细土盖严种子，覆土厚度0.5～1cm，要求均匀一致。

7.1.5　除草。秧苗期，在稗草、千金子2叶1心期，亩用50%二氯喹啉酸可湿性粉剂30～40g兑水45kg喷雾除草，用药后畦面要求保持干燥2d。

7.1.6　追肥。秧苗2叶期或2叶1心时，每亩追施尿素7.5～10.0kg或腐熟人畜粪尿500～750kg。

7.1.7　防病。将2%宁南霉素水剂稀释300倍液后，于秧苗3叶期每平方米苗床喷洒2.5kg防病。

7.2　整田

依据茬口类型，空闲田适当提早翻耕或旋耕，以耕作灭茬除草为主；前茬为绿肥、油菜、中药材、蔬菜的田块，在收获时同步秸秆粉碎还田，及时翻耕。提倡一年深翻耕、二年旋耕，旋翻结合、加深耕层。实行旱耕旱整，结合施肥，适时泡田耙平，田面高度差≤3cm。

7.3　移栽期与秧龄

根据水稻品种类型和不同育秧方式，合理选择适宜的移栽秧龄，采用水稻强化、精确定量、两壮两高栽培技术等手插的，一般秧龄15～20d、叶龄3～4叶；采用机插的，一般秧龄15～18d、叶龄3.5叶。

7.4　移栽密度

根据水稻品种类型和基础地力情况，确定基本苗和栽插规格，高质量（浅、稳、匀、直）适时栽插。手插移栽密度以每亩8 000～12 000丛（行距30cm，株距18～27cm）为宜，机插以12 000～14 000丛（行距30cm，株距16～18cm）为宜。

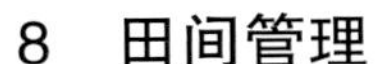

8　田间管理

8.1　水浆管理

8.1.1　管理原则。浅—露—晒—湿结合，间歇灌溉，充分利用降雨补充灌溉。

8.1.2　沟渠配套。田间做到沟渠系配套，灌排分开，每隔15～20m开丰产沟、田块周围开围沟，20～30cm深，30cm宽。

8.1.3　管理技术。采用节水灌溉技术。薄水至无水层栽插，插秧后保持3cm的水层3～5d，促进秧苗返青，防草害，自然落干露田1～2d后复2～3cm的浅水至湿润；浅水勤灌促分蘖，够苗（预期有效穗的80%～90%）晒田7～10d控制无效分蘖，拔节前复水，浅水湿润间歇灌溉，足水孕穗；穗期浅水—湿润，遇高温灌深水调温，后期间歇灌溉，干湿交替，收获前7～10d断水，不宜过早。整个生育期大田采用好气灌溉，以养根为目的，坚持灌跑马水，干湿交替，湿润活熟到老。

8.2　施肥

8.2.1　施肥原则。绿色食品水稻生产，施肥应以有机肥为主，化肥为辅。有机肥料使用应符合NY 525标准。如果施用化肥，必须与有机肥配合施用，且有机氮与无机氮之比需超过1：1，限量使用尿素、碳铵、复合肥等化肥，不施用硝态氮肥。坚持安全优质、化肥减控、有机为主的肥料施用原则。通过种植绿肥、油菜、马铃薯和优先施用充分腐熟的农家肥、微生物肥料、有机—无机复混肥等来培肥地力，改良土壤结构，实现稻作可持续发展。根据测土配方结果增施Zn、Si等中微量元素肥料。化肥施用优先选用高效新型缓控释肥、专用配方肥。氮磷钾大量元素肥料运筹按照基肥和追肥、速效肥和缓效肥结合的方式进行。肥料使用执行NY/T 394标准。

8.2.2　施肥方法。根据当地土壤肥力水平和产量目标确定施肥量。氮肥（N）基肥：分蘖肥比例为6：4，分为底肥（移栽前）、分蘖肥（移栽后7～15d）施用，磷肥（P_2O_5）全部基施，钾肥（K_2O）按照基肥：分蘖肥比例为5：5施用。中微量元素肥料可施用硫酸锌1kg/亩、硅肥（SiO_2 20%）20～50kg/亩。

整田时施足基肥，翻耕前施腐熟农家肥2 000kg/亩，或商品有机肥500kg/亩，秸秆还田条件下适当配施少量化学氮肥促进秸秆腐解，也可以配施少量有机无机复混肥或者缓控释肥等，其中有机肥用量（N）占基肥总量的70%～80%，化肥用量占基肥总量的20%～30%；追肥以化肥为主，可以施用复合肥、专用配方肥或者速效化肥。

绿色食品水稻生产推荐使用肥料见附录A。

8.3 病虫草鼠害防治

8.3.1 主要病虫害防治

三大病害：稻瘟病、纹枯病、稻曲病。

三大虫害：二化螟、稻纵卷叶螟、稻飞虱。

8.3.2 防治原则

坚持“预防为主、综合防治”方针，树立“绿色植保”理念。优先采用农业措施、生态调控、生物防治、理化诱控等绿色防控技术，结合开展化学防控；应用对口高效低毒低残留农药控制病虫危害，实现减少农药使用次数和农药使用量；农药使用遵循NY/T 393标准。

选用NY/T 393标准中列出的高效、低毒、低残留的化学农药和生物农药。

8.3.3 农业措施

选用抗（耐）性品种，品种定期轮换，保持品种抗性。提倡集中连片种植，尽量避免插花种植，减少二化螟桥梁田。提倡低茬收割，尽量降低稻桩高度，开展秸秆粉碎，减少越冬螟虫基数，翻耕灌水杀蛹。采用健身栽培，培育壮秧。加强水肥管理，适时晒田，避免重施、偏施、迟施氮肥，增施磷钾肥，提高水稻抗逆性。

8.3.4 生态调控

种植诱虫植物，在稻田机耕路两侧种植诱虫植物香根草，丛间距3～5m，诱集螟虫成虫产卵，减少螟虫在水稻上的落卵量，减少对水稻的危害。田埂种植芝麻、大豆或撒种草花等显花植物。

8.3.5 生物防治

利用及释放天敌（赤眼蜂等）控制有害生物的发生；同时要保护天敌，严禁捕杀蛙类，保护田间蜘蛛；通过选择对天敌杀伤力小的低毒性农药，避开自然天敌对农药的敏感期，创造适宜自然天敌繁殖的环境。

稻鸭共育，利用鸭子控制部分杂草和虫害。选用体形较小的麻鸭或半番鸭，稻鸭共生期90～100d，除草、除虫效果显著，可以取代化学除草剂除草和稻飞虱的药剂防治，并促进稻田生态趋向良性循环。在大田移栽后开始饲养苗鸭，待秧苗成活后将12～15日龄的雏鸭放养到稻田中，放养密度为每亩10～15只，稻田灌水深度以鸭脚刚好接触泥土为宜，并随着鸭子的长大，灌水深度可适当增加。大田丰产沟要挖深15cm左右，并在沟内始终保持8～10cm深的水层。搁田时要采取分片搁田的办法，或者把鸭赶到田边的渠、河、塘内过渡3～4d。当水稻齐穗时，及时将鸭子从稻田间赶出，并立即排水，之后采取湿润灌溉，以增强稻根活力，防止水稻发生倒伏。

利用生物杀虫剂和生物杀菌剂防治部分病虫害，水稻二化螟、稻纵卷叶螟可选用8 000～16 000IU/μL苏云金杆菌悬浮剂100～400mL/亩进行防治；稻瘟病、白叶枯病、细菌性条斑病可用2%宁南霉素水剂300倍液进行防治；纹枯病、稻曲病可用5%井冈霉素水剂200～250mL/亩进行防治。

8.3.6　理化诱控

根据害虫趋光性特点诱杀。每公顷安装1盏频震式杀虫灯诱杀螟虫和稻纵卷叶螟成虫，降低虫口密度，减少化防次数和用药量。

物理阻隔育秧。在水稻秧苗期，采用20～40目防虫网或无纺布全程覆盖，阻隔飞虱，预防病毒病。

性信息素诱捕。从越冬代二化螟成虫羽化始期开始，全程应用二化螟性信息素诱捕雄性成虫。大面积连片使用，平均每亩1个诱捕器，采用外密内疏的布局。选用持效期2个月以上的长效诱芯和干式飞蛾诱捕器，诱芯每隔60d更换1次。

8.3.7　科学用药

绿色食品水稻生产主要病虫害防治推荐使用农药见附录B。

8.3.8　杂草防控

优先采用生态生物防控、机械物理防控，科学开展化学防控。移栽后7～10d，亩用20%氰氟草酯悬浮剂30～35mL在杂草2叶1心期防除千金子等禾本科杂草；对阔叶及莎草科杂草也可亩用20%氯氟吡氧乙酸乳油50～75mL兑水45kg喷雾，喷药后保持水层5～7d。

绿色食品水稻生产草害防控推荐使用农药见附录B。

8.3.9　鼠害防治

开展春季户内、户外灭鼠，推荐使用鼠夹、鼠胶等物理措施，不得使用化学药剂。

9　收获

9.1　收获时间

水稻黄熟期：在米粒失水硬化、95%以上稻谷黄熟，含水量籼稻≤22%、粳稻≤24%时，抢晴收获，边收边脱，最好使用机械收割。

9.2　收获要求

收获机械、器具应保持洁净、无污染，收割、脱粒时要与常规稻谷进行严格区分，不允许使用未清洁的肥料、饲料编织袋装运稻谷，切忌长时间堆垛，禁止在公路上及粉尘污染较重的地方脱粒、晒谷，以免污染和影响品质。

晒场场地应清洁卫生，地面应为水泥地面，晾晒时要与常规稻谷进行区分，晾晒后水分要降到13.5%以下，整个晾晒过程，防止湿、干反复，以降低裂纹米率。

9.3　秸秆处理

9.3.1　鼓励循环利用农业废弃物。不应将秸秆、废弃基质等农业废弃物倾倒在水库、河道、沟渠中。

9.3.2　采用农业秸秆处理技术，实现秸秆还田、秸秆饲料化、秸秆燃料化或转换为工业生产原料。

9.3.3　不应焚烧秸秆。

10　烘干

绿色食品稻谷与普通稻谷要分收、分晒、分藏。可选择专用烘干设备，不能用柴油作燃料，采用环保低温循环式烘干后贮藏，热风温度控制在45～50℃，谷物接触温度控制在籼稻40℃、粳稻38℃以内。风干速度控制在每小时降一个百分点以内。

11　运输

11.1　车辆要求。贮运时注意单收单运单贮，运输时不与其他物质混载。

运输稻谷的车辆应专车专用，装运稻谷前应清理干净。

11.2 运输要求。运输稻谷如遇雨天，车辆应有防雨设施。

12 贮藏、包装

绿色食品稻谷贮藏应符合GB/T 29890和NY/T 1056的规定。

12.1 仓库要求

在避光、常温、干燥有防潮设施且清洁、通风、无虫害和鼠害的地方贮藏，严禁与有毒、有害、有腐蚀性、发潮、有异味的物品混存。仓库周围环境应清洁、卫生，并远离污染源；建筑材料应无毒，不会对稻谷产生污染；库房应避光、常温、干燥（有防潮设施），窗户应安装铁丝网或纱窗，大门应安装防鼠板，库房应具有防虫、防鼠、防鸟的功能。

12.2 贮藏要求

建立出入库管理制度，经检验合格的稻谷才能入库，同其他稻谷分开堆放，设有明显标识。

贮藏的稻谷要定期检查温度和湿度，防止稻谷发生霉变。

若进行仓库消毒、熏蒸处理，严禁使用高毒、高残留农药防治稻谷贮藏期病虫害，所用药剂应符合NY/T 393的规定，并按具体说明使用。

12.3 包装要求

具体按GB/T 17109规定执行。

13 生产记录

13.1 记录内容

生产记录包括生产投入品采购、出入库、使用记录，农事、收获、运输、贮藏记录等。

13.2 记录要求

所有记录应真实有效，准确规范，记录时间应准确，语言描述应规范，生产记录应具有可追溯性。

13.3 记录管理

生产记录应集中由专人进行管理，记录至少保存2年。

绿色食品水稻生产记录样式见附录C。

13.4 农产品质量安全追溯

执行NY/T 1765标准。

附 录 A
（资料性附录）
绿色食品水稻生产推荐使用肥料

表A.1 绿色食品水稻生产推荐使用肥料

生育期	肥料名称	含量（%）	用量（kg/亩）	施用时间	施用方法
秧田期	农家肥	无规定	1 500	播种前10～15d	底肥
	复合肥	15：15：15	30～40	播种前10～15d	底肥
	尿素	46	7.5～10	2叶1心期	追肥
	腐熟人畜粪尿	无规定	500～750	2叶1心期	兑水浇施
本田期	农家肥	无规定	2 000	移栽前	底肥
	商品有机肥	有机质≥45、总养分≥5	500	移栽前	底肥
	钙镁磷肥	12～18	25	移栽前	底肥
	缓控释肥	按包装标签规定	20	移栽前	底肥
	碳铵	17	25	移栽前	底肥
	氯化钾	60	7.5	移栽前	底肥
	硅肥	20	20～50	移栽前	底肥
	尿素	46	5～12.5	移栽后7～15d	追肥
	氯化钾	60	7.5	移栽后7～15d	追肥
	复合肥	15：15：15	30	移栽后7～15d	追肥
	磷酸二氢钾	按包装标签规定	按包装标签规定	灌浆期	叶面喷施

附 录 B
（资料性附录）
绿色食品水稻生产主要病虫草害防治推荐使用农药

表B.1 绿色食品水稻生产主要病虫草害防治推荐使用农药

类型	防治对象	防治适期	农药名称（剂型规格）	用量（亩）	最多使用次数	安全间隔期（d）	使用方法
病害	恶苗病	播种前	70%噁霉灵种子处理干粉剂	（1：1 000）~（1：500）（药种比）	1	—	浸种
			80%乙蒜素乳油	1 500倍	1	—	浸种
	稻瘟病	播种前分蘖期苗、叶瘟病叶率10%时	2%春雷霉素水剂	100 ~ 150mL	3	21	喷雾
			1 000亿CFU/g枯草芽孢杆菌水剂	30g	—	—	喷雾
		孕穗期（破口前7 ~ 10d）	9%吡唑醚菌酯微囊悬浮剂	60mL	1	15	喷雾
	稻曲病	孕穗期（破口前7 ~ 10d）	13%井冈霉素A水剂	35 ~ 50mL	3	14	喷雾
			6%+1亿CFU/g井冈・蜡芽菌水剂	125 ~ 150mL	—	—	喷雾
			75%戊唑・嘧菌酯水分散粒剂	10 ~ 15g	1	21	喷雾
	纹枯病	分蘖期病从率15%时孕穗期至灌浆期病从率30%时	5%井冈霉素水剂	200 ~ 250mL	3	14	喷雾
			6%+1亿CFU/g井冈・蜡芽菌水剂	85 ~ 100mL	—	—	喷雾
			70%氟环唑水分散粒剂	7 ~ 9g	1	7	喷雾

（续表）

类型	防治对象	防治适期	农药名称（剂型规格）	用量（亩）	最多使用次数	安全间隔期（d）	使用方法
虫害	二化螟三化螟	分蘖期至孕穗期根据病虫预报卵孵高峰期	40%氯虫·噻虫嗪水分散粒剂	6～8g	1	21	喷雾
			2%苏云·吡虫啉可湿性粉剂	50～100g	1	14	喷雾
	稻纵卷叶螟	分蘖期百丛幼虫100头时孕穗期至灌浆期百丛幼虫60头时	5.7%甲氨基阿维菌素苯甲酸盐水分散粒剂	12～15g	1	21	喷雾
			30%茚虫威水分散粒剂	6～9g	1	21	喷雾
			8 000~16 000IU/μL苏云金杆菌悬浮剂	100～400mL	—	—	喷雾
	白背飞虱	分蘖期百丛虫量达1 000头时	25%噻嗪酮可湿性粉剂	50g	1	14	喷雾
	褐飞虱	孕穗期至灌浆期百丛虫量达1 500头时	25%吡蚜酮可湿性粉剂	20～30g	1	14	喷雾
			36%噻虫啉水分散粒剂	12.5～18g	1	7	喷雾
草害	稗草、千金子等禾本科杂草	秧苗期	50%二氯喹啉酸可湿性粉剂	30～40g	1	—	喷雾
	禾本科杂草、阔叶杂草及多年生莎草科杂草	移栽后	20%氰氟草酯悬浮剂	30～35mL	1	—	喷雾
			20%氯氟吡氧乙酸乳油	50～75mL	1	—	喷雾

附　录　C
（资料性附录）
绿色食品水稻生产记载表

表C.1　绿色食品水稻生产田间农事操作记录

日期	品种	作业面积	作业内容	农业投入品（肥、药等）		天气情况	备注
				商品名称	用量		

表C.2 绿色食品水稻生产资料采购记录

日期	产品名称	主要成分	数量	产品批准登记号	生产单位	经营单位	票据号

表C.3　绿色食品水稻生产产品销售记录

日期	产品名称	原生产地点	数量	产品批次或编号	销售去向（市场、单位或个人）	备注

附录4　绿色食品大米加工技术规程

DB331024/T 18—2019

绿色食品　大米加工技术规程

前　言

本标准按GB/T 1.1—2009《标准化工作导则　第1部分：标准的结构与编写》给出的规则编写。

本标准由仙居县农业农村局提出并归口。

本标准起草单位：仙居县农业农村局。

本标准主要起草人：朱贵平、杨俞娟、周奶弟、张惠琴、应卫军、戴亚伦、吴玉勇。

本标准为首次发布。

本标准的附录A、附录B、附录C为规范性附录，附录D为资料性目录。

绿色食品　大米加工技术规程

1　范围

本规程规定了绿色食品大米加工企业厂区环境、厂房设计、卫生管理、机械设备与安装、加工过程管理、工艺流程控制、包装、标识、质量管理、贮运管理、生产废弃物处理及品牌宣传等基本技术规范。

本规程适用于仙居县生产的符合绿色食品标准的大米加工和包装。

2　规范性引用文件

下列文件对于本文件的应用是必不可少的。凡是注日期的引用文件，仅注日期的版本适用于本文件。凡是不注日期的引用文件，其最新版本（包括所有的修改单）适用于本文件。

GB/T 1354　大米

GB 2761　食品安全国家标准　食品中真菌毒素限量
GB 2762　食品安全国家标准　食品中污染物限量
GB 2763　食品安全国家标准　食品中农药最大残留限量
GB 5749　生活饮用水卫生标准
GB 7718　食品安全国家标准　预包装食品标签通则
GB 14881　食品安全国家标准　食品生产通用卫生规范
GB 15179　食品机械润滑脂
GB/T 18455　包装回收标志
GB/T 26630　大米加工企业良好操作规范
NY/T 391　绿色食品　产地环境质量
NY/T 419　绿色食品　稻米
NY/T 658　绿色食品　包装通用准则
NY/T 896　绿色食品　产品抽样准则
NY/T 1055　绿色食品　产品检验规则
NY/T 1056　绿色食品　贮藏运输准则
NY/T 1765　农产品质量安全追溯操作规程　谷物
NY/T 2978　绿色食品　稻谷
DB331024/T 17　绿色食品　水稻生产操作规程
JJF 1070　定量包装商品净含量计量检验规则
中国绿色食品商标标志设计使用规范手册

3　术语和定义

本标准的术语和定义应符合NY/T 2978和NY/T 419的标准。

4　厂区环境

绿色食品大米加工厂的厂区环境质量应符合GB 14881标准第3章和GB 26630标准第4章的规定，须取得SC认证。

4.1　大气环境

厂区空气质量要求参见附录表A.1。

4.2　水质条件

用水指标要求执行GB 5749标准的规定，参见附录表A.2。

4.3　地质条件

厂址应高于当地历史最高洪水位，地质条件可靠。

4.4　隔离要求

4.4.1　厂址周围1 000m之内不得有排放“三废”的企业，如煤厂、水泥厂、化工厂等排放有害气体、粉尘、放射性物质和其他扩散性污染源。
4.4.2　厂址周围200m之内不得有垃圾填埋场等滋生大量昆虫的潜在场所。

5　厂房设计

厂房设计执行GB 14881标准第4章和GB 26630标准第5章的规定。

6　卫生管理

卫生管理执行GB 14881标准第6章和GB 26630标准第8章的规定。参见附录表B.1和表B.2。

7　机械设备与安装

机械设备与安装按GB 14881标准第5章和GB 26630标准第6章的规定执行。

8　加工过程管理

8.1　原粮选择

8.1.1　选择原则

本规程规定绿色食品大米加工原粮必须是符合仙居县《绿色食品　水稻生产操作规程》标准生产的稻谷。

8.1.2　原粮扦样

原粮扦样应符合NY/T 2978的规定。

8.1.3　原粮检验

原粮稻谷的理化指标和卫生指标按NY/T 2978的规定执行。

8.1.4　原粮采购

原粮必须经过验收合格后方可收购。经验收不合格的原粮应在指定区域与合格原粮分开放置并明显标记，应及时进行退货等处理。检验合格的，则统一包装，统一标识。按NY/T 658、NY/T 419、NY/T 1056中的规定进行包装、运输和贮藏，存入原粮库，各项操作避免机械损伤、混杂，防止二次污染。加工前稻谷要求新鲜，色泽金黄，形状整齐一致，含水量籼稻在13.5%以下、粳稻在14.5%以下。

原粮加工前应进行感官检验，必要时进行实验室检验；检验发现涉及食品安全项目指标异常的，不得使用。

8.2 原粮运输、贮藏与管理

8.2.1 原粮运输按NY/T 1056的规定执行，专车专用、清洁卫生，车辆、工具、铺垫物、防雨设施必须清洁、干净，严禁与有毒有害、有腐蚀性、发潮发霉、有异味的非绿色食品混合运输。

8.2.2 原粮贮藏按NY/T 1056的规定执行，确保加工绿色食品大米的原粮、包装材料和成品分开存放。

8.2.3 原粮仓库应设专人管理，建立管理制度，定期检查质量和卫生情况，及时清理变质的原粮，仓库出货顺序应遵循先进先出的原则。

8.2.4 原粮加工时应除去杂质及霉变粒，防止杂质进入后续工序，造成产品污染。

8.2.5 应采取有效措施防止金属或其他外来杂物混入产品中。

8.3 设备维修

应加强设备的日常维护和保养，保持设备清洁、卫生。设备的维护必须严格执行正确的操作程序。设备出现故障应及时排除，防止影响产品质量。每次生产前应检查设备是否处于正常状态。

8.4 岗前培训

员工的健康管理与卫生要求应符合国家相关法律法规要求。加工人员上岗前须经绿色食品大米生产、加工知识培训，熟练掌握绿色食品大米的生产、加工要求；包装、成品车间工作人员应戴手套、口罩上岗。

9 工艺流程控制

9.1 清选除杂

开启风机，将稻谷吸入，依次通过吸风分离器、初清筛、振动筛、循环风去石机或比重去石机与磁性去杂器除去谷物中所含秸秆、草籽、秕谷、沙、土、石与铁性微粒等杂质。原粮杂质应≤1.0%，不完善粒应≤1.0%，水分15.5%～16.0%，色泽、气味正常。

9.2 砻谷

通过砻谷机进行2道砻谷，去除种皮。1道砻谷脱壳率应≥75.0%，2道砻谷脱壳率应≥90.0%。

9.3 碾米

通过碾米机进行精碾，去除米糠，加工精度执行GB/T 1354标准。温度控制在55℃以下。

9.4 抛光

通过抛光机进行抛光，抛光温度控制在55℃以下，使大米表面光亮。

9.5 刷米降温

通过刷米机进行降温、刷米，除去米粒表面残留的粉状物。含糠粉率应≤0.1%，籼稻水分应≤14.5%、粳稻水分应≤15.5%。温度降到30℃以下或常温。

9.6 色选

通过色选机去除大米中异色杂质与异色米粒，使大米色泽一致，色选精度应≥99.9%。

10 包装、标识

10.1 包装

10.1.1 绿色食品大米的包装按照NY/T 658的规定执行。

10.1.2 绿色食品大米的包装材料应具备安全、卫生、无毒、无污染；有足够的强度，不易破损；不与大米发生任何的物理和化学反应；并具有防潮、防霉、防虫、延长大米保质期的作用。

10.1.3 加工质量和卫生指标均应符合NY/T 419的规定。

10.1.4 加工后须降温至≤30℃或≤7℃室温才能包装，利于贮藏。

10.1.5 包装大米的器具应专用。

10.1.6 包装车间的落地米不得直接包装，应另行处理。

10.1.7 净含量应符合国家规定，检验方法按JJF 1070的规定执行。

10.1.8 包装采用无污染的纸类、塑料类、布类等包装物，包装时禁止使用防虫剂和防腐剂等化学物质。

10.1.9 包装袋口应缝牢固，以防撒漏。

10.2 标识

10.2.1 绿色食品大米的标识应符合GB 7718、NY/T 658和《中国绿色食品商标标志设计使用规范手册》的规定。应标注以下内容：产品批号；净含量；品名、执行标准、质量等级；生产者（或销售者）名称、地址、商标、邮政编码；生产日期、保质期；存放注意事项及专用大米（如免淘洗米）的食用方法说明；特殊说明、条形码及必要的防伪标识。

10.2.2 大米外包装的图案、文字的印刷应清晰、端正、不褪色。

10.2.3 认证标志和商标的印刷、加贴应符合有关法规及标准要求。

10.2.4 绿色食品大米包装上应印有绿色食品商标标志，其印刷图案与文字内容应符合《中国绿色食品商标标志设计使用规范手册》的规定。

10.2.5 绿色食品标签应符合国家法律法规及相关标准等对标签的规定。

10.2.6 绿色食品包装上应有包装回收标志，包装回收标志应符合GB/T 18455的规定。

10.2.7 绿色食品包装上应突出仙居绿色食品大米区域公用品牌标识。

11 质量管理

质量管理应符合GB/T 26630、GB 2761、GB 2762、GB 2763的要求。

11.1 检验设施

应有相应的检验室和检验设施。

11.2 检验项目

按照NY/T 419中所确定的项目进行检验。不能检验的项目应委托具备资质的检验机构进行检验。

11.3 检验规则

应符合NY/T 1055的规定。

11.4 检验方法

按NY/T 419的规定执行。

11.5 判定规则

按NY/T 419的规定执行。

11.6 记录

11.6.1 记录要求。各项检验应有原始记录，并按规定保存。所有记录格式规范，应真实、准确，字迹清楚，不得损坏、丢失、随意涂改，并具有可追溯性。可追溯性按照NY/T 1765标准要求执行。

11.6.2 记录样式。原粮、清理、砻谷、碾米、抛光、包装、标识、检验、入库、出库和运销流向等应有原始记录，记录样式参见附录C和附录D。

11.7 档案管理

11.7.1 存档要求。文件记录至少保存3年，档案资料由专人保管。

11.7.2 建立健全的档案制度。绿色食品大米加工企业应建立档案管理制度。档案资料主要包括质量管理体系文件、加工计划合同和数量、加工过程控制、产品检测报告、人员健康体检报告与应急情况处理等控制文件。

11.7.3 编制批号或编号。每批加工产品应编制加工批号或编号，并在相应的包装标识上注明。

11.8 其他要求

11.8.1 在绿色食品大米加工的全过程中，不得使用食品添加剂。

11.8.2 绿色食品大米加工如无专用设备，应采用平行生产（即冲顶加工），冲顶加工的大米不能作为绿色食品大米销售。冲顶加工应保留生产、销售记录。

12 贮运管理

运输和贮藏按NY/T 1056的规定执行。

13 生产废弃物处理

生产过程中产生的废弃物统一回收处理；产生的副产品包括谷壳、垄糠、米皮糠等分类存放。

14 品牌宣传

14.1 依托仙居县优质稻米产业联合会开展品牌宣传。

14.2 积极开展“仙居好稻米”评选、参加各类“农博会”推介和电商对接。

附 录 A
（规范性附录）
绿色食品大米加工厂区环境质量要求

表A.1 绿色食品大米加工厂区空气质量要求

项目		指标	
		日平均	1h平均
总悬浮颗粒物（TSP）（mg/m^3）	≤	0.30	—
二氧化硫（SO_2）（mg/m^3）	≤	0.15	0.50
氮氧化物（NO_x）（mg/m^3）	≤	0.10	0.15
氟化物（F）	≤	$7\mu g/m^3$	—
		$1.8\mu g/(dm^2 \cdot d)$（挂片法）	$20\mu g/m^3$

注：1. 日平均指任何一日的平均指标。

2. 1h平均指任何一小时的平均指标。

3. 连续采样3d，一日三次，晨、午和夕各一次。

4. 氟化物采样可用动力采样滤膜法或用石灰滤纸挂片法，分别按各自规定的指标执行，石灰滤纸挂片法挂置7d。

表A.2 绿色食品大米加工用水指标要求

项目	指标
pH值	6.5 ~ 8.5
汞（mg/L）≤	0.001
镉（mg/L）≤	0.005
铅（mg/L）≤	0.01
砷（mg/L）≤	0.01
铬（六价）（mg/L）≤	0.05
氰化物（mg/L）≤	0.05
氟化物（mg/L）≤	1.0
氯化物（mg/L）≤	250
菌落总数（cfu/mL）≤	100
总大肠菌群（cfu/100mL）	不得检出

附　录　B
（规范性附录）
绿色食品大米加工厂区卫生要求

表B.1　厂区内环境卫生要求

序号	项目	要　求
1	道路	a）厂区主要道路和进入厂区的道路应铺设适于车辆通行的坚硬路面（如混凝土或沥青路面） b）道路路面应平坦、无积水
2	绿化及排水	厂区内应进行合理绿化，保持环境整洁，并有良好的防洪、排水系统
3	卫生设施	厂区厕所应远离生产车间、原粮及成品库 厕所应是水冲式，并设有洗手设施及卫生责任制 c）应设有与职工人数相适应的淋浴室
4	垃圾处理	a）垃圾应集中存放 b）垃圾存放处应远离生产车间、原粮和成品库 c）垃圾应定期清理出厂，并对垃圾存放处随时消毒
5	鼠患	厂区内应无虫鼠患，灭鼠不得使用药剂
6	禁养	厂区内禁止饲养家禽、家畜及其他动物

表B.2　生产车间卫生要求

序号	项目	要　求
1	地面	地面应平整、光洁、干燥
2	内墙及天花板	内墙和天花板应采用无毒、不易脱落的装饰材料
3	门窗	门窗应完整、紧密，并具有防蝇、防虫、防鼠功能
4	通风	车间内应有通风、散热的设施，防止粉尘污染
5	生产设备	a）生产设备使用的润滑油不得滴漏于车间地面 b）应定期清理生产设备中的滞留物料，防止霉变
6	更衣	更衣室应与生产车间相连，更衣室内应每人配备更衣柜
7	个人卫生	a）生产人员进车间应穿戴工作服、工作帽、工作鞋，并保持整洁 b）生产人员上班前洗手 c）生产人员不得留长指甲和涂指甲油 d）车间内禁止吸烟、随地吐痰、乱丢杂物、摆放与生产无关的杂物

附 录 C
（规范性附录）
绿色食品大米加工质量管理

表C.1 质量管理要求

序号	项目	要 求
1	管理制度	a）企业应制定质量方针，并树立在厂区内明显处 b）各个岗位应有完善的管理制度 c）从原粮购入到成品大米出厂的质量管理制度 d）对各项制度应保证运行有效
2	档案及记录	a）人员健康档案 b）人员培训档案 c）设备档案 d）原粮及成品大米档案 e）原粮产地环境条件和生产技术档案 f）检验（化验）室计量器具档案和使用记录 g）检验报告及记录
3	检验控制	a）有适应的检验（化验）室和检验设备 b）原粮的检验 c）成品大米加工质量的检验 d）成品大米卫生指标的检验
4	制度实施检查	a）企业每年应评审管理制度实施情况 b）对生产车间每3个月进行一次制度实施检查 c）对成品库每月进行一次制度实施检查 d）在原粮购入旺季每周进行一次原粮购入制度检查 e）以上的检查应有记录并存档
5	原粮产地和成品大米售后服务	a）企业定期到原粮产地了解情况，应包括农药使用、化肥使用、灌溉水等 b）企业应走访市场，反馈消费者对质量状况意见 c）各项活动应有记录并存档

附　录　D
（资料性附录）
记录

表D.1　绿色食品大米加工与检验记录　　　　年　月　日

<table>
<tr><td rowspan="4">生产单位</td><td colspan="2">稻谷品名</td><td></td><td>产品编号</td><td colspan="2"></td></tr>
<tr><td colspan="2">地址</td><td></td><td>负责人（户名）</td><td colspan="2"></td></tr>
<tr><td colspan="2">库存数量</td><td></td><td>电话</td><td colspan="2"></td></tr>
<tr><td colspan="2">生产日期</td><td></td><td>包装方式</td><td colspan="2"></td></tr>
<tr><td rowspan="4">扦样情况</td><td colspan="2">扦样依据</td><td></td><td>扦样地点</td><td colspan="2"></td></tr>
<tr><td colspan="2">扦样方法</td><td></td><td>包装方式</td><td colspan="2"></td></tr>
<tr><td colspan="2">样品数量</td><td></td><td>封口（条）情况</td><td colspan="2"></td></tr>
<tr><td colspan="2">扦样日期</td><td></td><td>扦样人员</td><td colspan="2"></td></tr>
<tr><td rowspan="12">检验情况</td><td colspan="3">检验项目</td><td>检验结果</td><td>标准值</td><td>单项判定</td></tr>
<tr><td rowspan="5">理化指标</td><td colspan="2">感官、气味</td><td></td><td></td><td></td></tr>
<tr><td colspan="2">不完善粒（%）</td><td></td><td></td><td></td></tr>
<tr><td rowspan="2">杂质（%）</td><td>总量</td><td></td><td></td><td></td></tr>
<tr><td>其中，矿物质</td><td></td><td></td><td></td></tr>
<tr><td colspan="2">水分（%）</td><td></td><td></td><td></td></tr>
<tr><td rowspan="6">卫生指标</td><td colspan="2"></td><td></td><td></td><td></td></tr>
<tr><td colspan="2"></td><td></td><td></td><td></td></tr>
<tr><td colspan="2"></td><td></td><td></td><td></td></tr>
<tr><td colspan="2"></td><td></td><td></td><td></td></tr>
<tr><td colspan="2"></td><td></td><td></td><td></td></tr>
<tr><td colspan="2"></td><td></td><td></td><td></td></tr>
<tr><td colspan="7">结论：</td></tr>
</table>

注：产地环境条件符合NY/T 391、NY/T 393和NY/T 394的规定。

表D.2　原粮谷进货验证记录

年　月　日

稻谷品名		产品编号	
来源（产地）		户名	
进货数量		电话	
进货日期		垛位编号	
仓库编号		验收方式	
验证项目	标准要求	验证结果	合格否
验证结论： 合格（　）　不合格（　）　合格率%（　） 检验员：　日期：			
不合格品处置：			

表D.3　加工过程的检验记录　　　　年　月　日

<table>
<tr><td colspan="2" rowspan="2">原粮</td><td>稻谷品名</td><td></td><td>产品编号</td><td></td></tr>
<tr><td>仓库编号</td><td></td><td>垛位编号</td><td></td></tr>
<tr><td colspan="2" rowspan="2">成品</td><td>大米</td><td></td><td>产品编号</td><td></td></tr>
<tr><td>仓库编号</td><td></td><td>垛位编号</td><td></td></tr>
<tr><td colspan="6">一般工艺要求</td></tr>
<tr><td colspan="3">序号</td><td>项目</td><td>检验结果</td><td>备注</td></tr>
<tr><td rowspan="4">1</td><td colspan="2" rowspan="4">清选</td><td>色泽、气味</td><td></td><td rowspan="4"></td></tr>
<tr><td>净度（%）</td><td></td></tr>
<tr><td>不完善粒（%）</td><td></td></tr>
<tr><td>水分（%）</td><td></td></tr>
<tr><td rowspan="2">2</td><td colspan="2">砻谷（1）</td><td>脱壳率（%）</td><td></td><td rowspan="2"></td></tr>
<tr><td colspan="2">砻谷（2）</td><td>脱壳率（%）</td><td></td></tr>
<tr><td rowspan="4">3</td><td colspan="2" rowspan="4">碾米</td><td>加工精度（%）</td><td></td><td rowspan="4"></td></tr>
<tr><td>碎米率（%）</td><td></td></tr>
<tr><td>水分（%）</td><td></td></tr>
<tr><td>温度（%）</td><td></td></tr>
<tr><td rowspan="4">4</td><td colspan="2" rowspan="4">抛光</td><td>碎米率（%）</td><td></td><td rowspan="4"></td></tr>
<tr><td>含糠粉率（%）</td><td></td></tr>
<tr><td>水分（%）</td><td></td></tr>
<tr><td>温度（℃）</td><td></td></tr>
<tr><td rowspan="2">5</td><td colspan="2" rowspan="2">刷米降温</td><td>含糠粉率（%）</td><td></td><td rowspan="2"></td></tr>
<tr><td>温度（℃）</td><td></td></tr>
<tr><td rowspan="2">6</td><td colspan="2" rowspan="2">色选</td><td>色选精度（%）</td><td></td><td rowspan="2"></td></tr>
<tr><td>色泽</td><td></td></tr>
<tr><td rowspan="2">7</td><td colspan="2" rowspan="2">包装</td><td>规格</td><td></td><td></td></tr>
<tr><td>编制批号或编号</td><td></td><td></td></tr>
<tr><td colspan="6">检验员：</td></tr>
</table>

表D.4　冲顶加工记录

序号	冲顶日期	每次冲顶水稻数量	每次冲顶时间长度	冲顶操作记录	冲顶终成品的处理情况	终成品批号	班次及负责人

表D.5　绿色食品大米生产加工记录表

序号	日期	基地编号	水稻品种	加工水稻数量	终成品数量	生产批号	包装规格	经办人

附录5 相关科技论文

论文1 超级稻两优0293在浙江仙居示范表现及高产栽培技术

超级稻两优0293在浙江仙居示范表现及高产栽培技术

朱贵平[1]，吴增琪[1]，万宜珍[2]，张惠琴[1]，俞爱英[1]，胡琴南[1]，丁坦连[3]

（1.仙居县农业技术推广中心，浙江仙居 317300；2.国家杂交水稻工程技术研究中心，湖南长沙 410125；3.下各镇农业技术推广站，浙江仙居 317321）

摘 要：两优0293系湖南杂交水稻研究中心育成的两系超级杂交稻新组合，在浙江省仙居县作单季稻种植表现生育期适中，产量高，抗性好，米质较优。介绍了该组合获得高产的强化栽培技术。

关键词：超级杂交稻；两优0293；高产示范；栽培技术

随着种植业结构的调整，仙居县的水田粮食作物种植模式从原来的肥—稻—稻和麦—稻—稻逐步演变为以肥—单季稻、麦—单季稻和油菜—单季稻为主体，搭配部分肥—稻—稻。全县单季稻面积从原来的2 667hm^{2}扩大到8 000hm^2，连作晚稻种植面积从原来的10 667hm^{2}下降到2 667hm^2。在全年粮食生产中，单季稻占2/3以上，因此，提高单季稻产量是夺取粮食丰收的重点，其中选用高产良种和与之相配套的栽培技术是关键。两优0293（P88S/0293）系湖南杂交水稻研究中心育成的两系超级杂交稻新组合，产量达到了中国超级稻单季稻第2期目标[1]，2006年通过国家品种审定（国审稻2006045）。该组合近两年在仙居县试种示范，表现出超高产水平，受到广大农民朋友的欢迎。

1 产量表现

2005年仙居县农业技术推广中心从浙江武义引进两优0293种子50kg，在横溪镇下陈村和下各镇社山村创办了2个示范方，面积共11.1hm^2，产量分别为10.81和10.76t/hm^2，表现出超高产水平，创全县单季晚稻产量新高。2006年，在县政府的重视和支持下，种植面积达166.7hm^2，并创办了

2个6.67hm^2示范方和1个66.7hm^2示范片。经测产验收，示范田平均产量为9.83t/hm^2，其中田市镇水各村示范方一块高产田，面积0.067hm^2，理论产量12.9t/hm^2，台州市农业技术推广总站受浙江省农业厅委托组织专家进行全田机械实割验收（全喂入式收割机），湿谷产量12.35t/hm^2，折标准水分产量11.31t/hm^2，受到各级领导和专家的一致称赞。2006年超级稻新品种对比试验，两优0293单产9.91t/hm^2，比对照两优培九（9.38t/hm^2）增产5.65%，其产量居各参试组合的第1位。

2　特征特性

两优0293属迟熟中稻组合，在仙居县作一季晚稻种植，5月中旬播种，8月中下旬始穗，全生育期135d左右，比汕优63长1～3d，比两优培九短3～5d，生育期适中。株型紧凑，长势繁茂，叶色浓绿，剑叶挺直，主茎叶片数16～17叶，分蘖力强，呈放射状，群体受光姿态好。平均有效穗数213万/hm^2，株高122.5cm，穗长24.3cm，每穗总粒数194.6粒，结实率90.3%，千粒重26.8g。蜡熟期能保持3片功能叶，后期转色好，青秆黄熟。米质指标：糙米率80%，精米率70%，整精米率66.1%，长宽比3.0，垩白粒率35%，垩白度6.3%，胶稠度75mm，直链淀粉含量14.4%。米饭柔软，晶莹透亮，口感较好。

2年试种示范，两优0293表现出较强的抗倒能力，纹枯病轻微发生，白叶枯病和稻瘟病未发现，2006年部分田块零星发生细条病，但比其他组合轻。2005年超级稻品比试验，受9月1日14号台风“泰利”外围和9月11日15号台风“卡努”正面袭击后，7个参试组合除两优0293外全部倒伏；2个示范方经台风袭击后，只有小面积倾倒，而其他组合大片倒伏。

两优0293耐肥性好，适宜肥力水平较高田块种植，高肥高产。2006年不同施氮量试验，施纯氮30kg/hm^2、120kg/hm^2、210kg/hm^2，3个处理产量分别为9.4t/hm^2、9.6t/hm^2和10.7t/hm^2；施纯氮210kg/hm^2处理产量极显著高于其他2个处理。另据2006年田市镇水各村示范方0.067hm^2产量高达11.31t/hm^2的高产田调查，每公顷纯氮用量252kg、K_2O用量210kg，大田长势繁茂，植株挺拔，青秆黄熟，没有出现贪青倒伏现象。

3　主要高产栽培技术

两优0293分蘖力强，株型松紧适中，茎秆粗壮，耐肥抗倒，穗大粒多，结实率高，丰产性好，生育期适中，适宜在仙居县作单季稻种植。采用水稻强化栽培技术[2-4]，其增产潜力能得到充分发挥。

3.1 适种范围

两优0293属高肥高产组合，适宜肥力水平较高的田块种植，肥力水平一般的田块不能充分发挥其高产潜能。另外，该组合在海拔500m以上的地区不宜推广种植。

3.2 适期播种，培育壮秧

两优0293播种一般可参照两优培九的播期。根据单季稻前茬情况和秧龄确定合适的播种期，山区单季稻区宜在4月下旬至5月上旬、平原单季稻区可在5月中旬或最迟6月上旬播种。目前，平原单季稻面积最大，最适播期为5月15—20日。在平原作单季稻栽培，应考虑秋季低温的影响，播种期不应太迟，以减少包颈风险。每公顷大田备足发芽率80%以上的种子7.5kg，准备旱育苗床300m^{2}左右。苗床选择有机质含量丰富、土壤疏松肥沃、排水方便的蔬菜地为好。在播种前3～4d翻耕苗床，除去杂草，床面施尿素3～5g/m^{2}和三元复合肥20～25g/m^2。播种前1d精做畦面，畦宽1.5m，沟深15cm左右。

精选种子，提高播种质量，争取苗匀、苗壮。播种前晒种1d，种子用402、强氯精或施保克等种子处理剂浸种杀菌。以402浸种为例：每2mL（1支）加水3kg，浸种2～2.5kg，浸24h后用清水洗净催芽，待种子露白后拌吡虫啉（防稻蓟马等害虫，每千克种子用量10g）播种。播种时，要求床面平细，种子均匀撒在苗床上，播后覆盖一层薄土或焦泥灰，以不露种为度。用木板轻压床面，使种子与泥土紧密接触，利于出苗。出苗后苗床保持湿润，若天气晴好，表土变白，可在早晨和傍晚用洒水壶浇水，以利齐苗。当秧苗长到2叶1心时，结合浇水施尿素5～6g/m^2，可先施尿素后浇水，防止尿素灼伤秧苗。移栽前2～3d不浇水，但要喷1次农药，带药下田。

3.3 大田栽前准备

结合春季灭鼠，示范方（片）进行重点灭鼠。种植该组合最好选择绿肥田，要求绿肥产量达到30t/hm^2，达不到指标的可用腐熟栏肥补充。如果是空闲田、油菜田或小麦田，则要加大基肥（有机肥）用量，使之达到绿

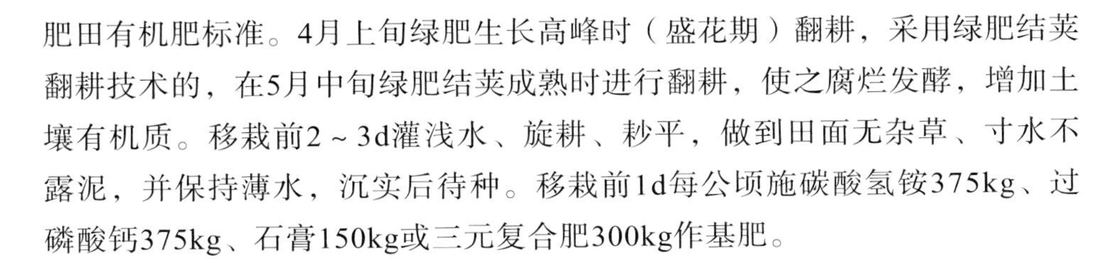

肥田有机肥标准。4月上旬绿肥生长高峰时（盛花期）翻耕，采用绿肥结荚翻耕技术的，在5月中旬绿肥结荚成熟时进行翻耕，使之腐烂发酵，增加土壤有机质。移栽前2～3d灌浅水、旋耕、耖平，做到田面无杂草、寸水不露泥，并保持薄水，沉实后待种。移栽前1d每公顷施碳酸氢铵375kg、过磷酸钙375kg、石膏150kg或三元复合肥300kg作基肥。

3.4 合理密植

该组合分蘖能力强，应控制移栽密度，扩行稀植，定量控苗。秧龄15～18d，最长不超过20d，叶龄3～4叶。带土移栽，密度33.3cm×25.0cm或30.0cm×26.7cm，每穴插1本，12万穴/hm^2左右。早栽早发，利用主穗和低位分蘖成穗，有效地提高成穗率和单位面积颖花数，实现多穗、大穗。

3.5 精确施肥

该组合较耐肥，宜高肥水平栽培。高产栽培施纯氮225kg/hm^2左右，以有机肥为主，化学肥为辅，氮、磷、钾合理搭配。施足基面肥，早施促蘖肥，看苗补施穗粒肥。移栽后10～15d第1次追肥，每公顷施尿素和氯化钾各112.5kg；移栽后20～30d第2次追肥，每公顷用尿素150kg和氯化钾112.5kg；拔节后施尿素75kg/hm^2，以后依苗色落黄情况，看苗补施粒肥，施尿素45～75kg/hm^2。

3.6 化学除草

水稻强化栽培技术因小苗移栽，延长了本田生长期，同时由于前期苗小，极易滋生杂草，因此要重视做好本田的化学除草工作。可结合翻耕或移栽前2～3d耖田时大田用50%丁草胺乳油1 500～2 250mL/hm^2除草。移栽后10～15d，用稻草克星15包/hm^2结合第1次追肥除草。

3.7 好气灌溉

管水采用“三水三湿一干”为特色的水稻好气灌溉技术，以提高土壤温度及氧化还原电位，使根系生长量增大，叶片挺直，花后叶片光合速率高，干物质生产量大，实现穗大粒多目标。“三水”即插秧时灌寸水、施肥除虫时灌寸水、孕穗扬花时灌寸水；“三湿”即分蘖期、穗形成期和结实期田间保持湿润；“一干”即够苗时排干田水。移栽后20d小苗期内寸水护苗，灌浅水防草害，促分蘖。以后自然落干，每次落干2d左右。当每穴苗数达到15～18个、每公顷苗数195万～210万时及时排水搁田，肥水联合控制苗峰，以穗数定苗数，控制无效分蘖，促进有效分蘖正常发育，强根壮秆争大穗，提高分蘖成穗率，直至拔节后灌浅水。孕穗期保持2cm左右薄水层，孕穗期间自然落干1～2次。灌浆期间歇灌薄水，后期如温度过低应注意灌水保温，收获前7d仍保持田间潮湿。整个生育期大田以湿润为主，以养根为目的，坚持灌跑马水，干湿交替，湿润活熟到老。后期切勿断水过早，做到通根养气，干湿壮籽。

3.8 病虫防治

采用基于农艺措施的综合防治，宽行稀植，好气灌溉和控氮增钾，使水稻植株健壮，前期不披叶，中期不徒长，后期不贪青，减少纹枯病、稻瘟病等发病概率。种子应进行消毒处理，秧田期重点防治稻蓟马，大田重点防治螟虫、稻飞虱、稻曲病、细条病和纹枯病等病虫害。细菌性病害在秧苗3叶期、幼穗分化Ⅲ期用药预防，台风暴雨过后要及时防治；纹枯病防治适期在分蘖末期至抽穗期，以孕穗至始穗期为主；稻曲病防治适期在孕穗后期、破口期及齐穗期，不能迟于齐穗期施药；稻瘟病防治从秧田期抓起。防治二化螟可用锐劲特和阿·达等，防治稻纵卷叶螟可用锐劲特加和邦、世纪乐和乐斯本等，防治白背飞虱用吡虫啉和蚜虱净，防治褐飞虱宜用扑虱灵和好虱灵。要按照病虫情报结合田间病虫发生实况，采用对口农药防治。两优0293植株较高，群体大，在农药防治时用水量适当加大。严禁甲胺磷、1605、氧化乐果、呋喃丹等高毒高残留农药及菊酯类农药在水稻生产上使用。

4 推广前景

目前，仙居县单季稻除主栽组合两优培九外，存在组合多、乱、杂现象，两优培九在年度间、地区间稳定性稍差。两优0293兼容了两优培九、中浙优1号、协优7954等组合的产量、米质、抗性优势，适宜于仙居县种植，推广前景好。该组合由于抗倒能力强，在浙江台州等易受台风影响的沿海地区具有很高的推广价值。

参考文献：

[1] 廖伏明. 中国超级稻单季稻第2期目标提前一年实现[J]. 杂交水稻，2004，19（6）：50.

[2] 袁隆平. 水稻强化栽培体系[J]. 杂交水稻，2001，16（4）：1-3.

[3] 俞爱英，吴增琪，朱贵平，等. 仙居县水稻强化栽培技术（SRI）试验示范结果初报[J]. 中国稻米，2004（5）：39-40.

[4] 朱德峰. 水稻强化栽培技术[M]. 北京：中国农业科学技术出版社，2006.

收稿日期： 2007-03-16

基金项目： 浙江省仙居县重点科研计划项目（200638）

作者简介： 朱贵平（1966— ），男，浙江仙居人，高级农艺师，学士。电话：0576-7772771；E-mail：xjzhuguiping@163.com。

注：本文刊登于《杂交水稻》2007年第5期。

论文2　不同叶面肥对水稻国稻6号的增产效果

不同叶面肥对水稻国稻6号的增产效果

周奶弟[1]，郭小苟第[2]，吴增琪[1]，朱贵平[1*]

（1.浙江省仙居县农业技术推广中心，浙江仙居　317300；
2.仙居县福应街道农业技术推广站，浙江仙居　317300）

摘　要：通过对水稻国稻6号生长后期喷施叶面肥试验，研究了不同叶面肥对国稻6号的增产效果。结果表明，国稻6号喷施60%普罗丹500倍、20.5%丹乐硼1 000倍、翠康苗壮500倍、甲K750倍、喷得福600倍、高能红钾750倍、富万钾600倍和20.5%速乐硼1 000倍均能提高每穗总粒数和结实率，增加千粒重，水稻增产效果显著。

关键词：叶面肥；国稻6号；水稻

国稻6号（内香2A／中恢8006）系应用分子标记辅助选择技术而育成的三系法超级杂交水稻组合[1]，2006年通过国家农作物品种审定委员会审定。仙居县引进试种3年，在强化栽培模式下该组合表现为株型紧凑，分蘖力中等，茎秆挺拔、粗壮，抗倒能力强；穗大粒多，千粒重高，米质优；同时表现出抗稻瘟病、白叶枯病等特性。随着以“精量播种，宽行稀植，定量控苗，平衡施肥，晒田控蘖，湿润灌溉”为主要特点的超级稻强化栽培技术[2，3]在仙居县的全面推广应用，国稻6号的大穗高产特点得到充分体现，深受农户欢迎。但生产中发现，大田有机肥不足易导致国稻6号后期早衰，产量因此而受到影响。为此，对国稻6号生长后期喷施不同叶面肥的增产效果进行试验。现将有关结果报道如下。

1　材料和方法

供试叶面肥品种及处理为60%普罗丹（加拿大普罗丹化工集团）500倍液，20.5%丹乐硼（丹麦诺威特国际化工集团）1 000倍液，翠康苗壮（英国光合有限公司）500倍液，甲K（河南科迅生物科技有限公司）750倍液，喷得福（上海永通化工有限公司）600倍液，高能红钾（成都新朝阳化工有限公司）750倍液，富万钾（陕西巨川富万钾股份有限公司）600倍液，

20.5%速乐硼（美国硼砂集团）1 000倍液，以同期喷施等量清水为对照。

试验在仙居县福应街道阮宅村林国富户承包田进行。小区面积13.3m^2，随机区组排列，重复3次，四周设保护行。

国稻6号于5月18日播种，6月7日移栽，秧龄20d。移栽密度30cm × 35cm，插9.5万丛/hm^2。基肥用17.3%碳酸氢铵375kg/hm^2、12%过磷酸钙375kg/hm^2。追肥于6月20日施尿素225kg/hm^2、氯化钾150kg/hm^2，7月5日施尿素150kg/hm^2。在8月12日上午（孕穗后期）喷施第1次，在9月12日下午（灌浆期）喷施第2次，每小区每次喷量为750kg/hm^2。田间其他管理措施按水稻强化栽培技术要求进行[4，5]。

于成熟收割前1d，分小区取样考查经济性状；每小区实割计产。

2　结果与分析

2.1　产量结果

从表1结果可以看出，国稻6号喷施普罗丹、丹乐硼、翠康苗壮、甲K、喷得福、高能红钾、富万钾、速乐硼等处理分别比等量清水对照增产22.6%、22.0%、21.1%、20.8%、18.9%、18.7%、13.8%和13.6%。据方差分析结果，各处理产量差异达极显著水平。普罗丹、丹乐硼、翠康苗壮、甲K、喷得福、高能红钾6个处理产量极显著高于清水对照，富万钾、速乐硼2个处理产量显著高于对照。

表1　喷施不同叶面肥对国稻6号产量及经济性状的影响

叶面肥	有效穗（万/hm^2）	每穗总粒数	每穗实粒数	结实率（%）	千粒重（g）	产量（t/hm^2）
普罗丹	189.0	212.7a AB	183.0 abc A	86.1 aA	28.0cd CD	9.000aA
丹乐硼	184.5	211.9a AB	179.4 abc A	84.6 abcAB	28.9aA	8.951aA
翠康苗壮	181.5	212.2a AB	181.0 abc A	85.3 ab AB	28.6ab AB	8.888aA
甲K	186.5	216.3aA	186.0 abA	85.5 abA	28.1c BCD	8.862aA
喷得福	180.0	209.5abAB	180.6 abcA	86.3 aA	28.5b ABC	8.726aA
高能红钾	184.5	219.2a A	187.5 aA	85.6 abA	28.0c CD	8.712aA
富万钾	185.5	212.2a AB	174.5 cA	82.3 cB	27.9cd DE	8.351a AB

（续表）

叶面肥	有效穗（万/hm²）	每穗总粒数	每穗实粒数	结实率（%）	千粒重（g）	产量（t/hm²）
速乐硼	183.5	211.0a AB	176.1 bcA	83.5 bc AB	27.7de DE	8.337a AB
清水（CK）	185.0	197.6bB	155.8 dB	78.8 dC	27.3e E	7.338bB

注：同列含不同小写字母表示差异达5%显著水平，含不同大写字母表示差异达1%显著水平。

2.2 经济性状

通过对各处理小区经济性状的考查分析，国稻6号喷施不同叶面肥后，均能极显著地提高每穗总粒数、实粒数和千粒重，不同叶面肥处理对各经济性状的作用有所差异。喷施不同叶面肥后，在减少颖花退化增加每穗总粒数上，以高能红钾和甲K效果最好，每穗总粒数比喷清水对照分别增21.6粒和18.7粒，与对照差异达极显著水平；普罗丹、富万钾、翠康苗壮、丹乐硼、速乐硼比对照分别增加15.1粒、14.6粒、14.6粒、14.3粒、13.4粒，达显著水平；喷得福比清水对照增加11.9粒，差异未达显著水平。

孕穗期喷施不同叶面肥后，均能促进颖花授粉，提高结实率，与喷清水对照比，喷得福、普罗丹、高能红钾、甲K、翠康苗壮、丹乐硼、速乐硼、富万钾处理结实率分别提高7.5、7.3、6.8、6.7、6.5、5.8、4.7和3.5个百分点，达极显著水平。不同叶面肥之间也存在着差异，喷得福、普罗、高能红钾、甲K处理的结实率极显著高于富万钾处理。

由于结实率不同程度的提高，喷施不同叶面肥后，各处理间的每穗实粒数也相应增加，高能红钾、甲K、普罗丹、翠康苗壮、喷得福、丹乐硼、速乐硼、富万钾各处理每穗实粒数分别比喷清水对照增加31.7粒、30.2粒、27.2粒、25.2粒、24.8粒、23.6粒、20.3粒和18.7粒，达极显著水平。

喷施叶面肥有促进叶片后期光合作用功效，从而提高灌浆结实，增加粒重，不同处理间差异达极显著水平。丹乐硼、翠康苗壮、喷得福、甲K、高能红钾、普罗丹处理千粒重分别比喷清水对照增加1.6g、1.3g、1.2g、0.8g、0.7g和0.7g，达极显著水平（表1）。富万钾千粒重比喷清水对照增加0.6g，达显著水平。速乐硼处理千粒重仅比对照增加0.4g，两者差异不显著。

3 小结与讨论

试验结果表明，在本试验条件下，国稻6号喷施不同叶面肥每穗总粒数均增加，结实率和千粒重均提高，增产幅度在13.6%～22.6%。其中以喷施普罗丹、丹乐硼、翠康苗壮和甲K叶面肥的增产效果较为明显。

在孕穗期喷施高能红钾、甲K颖花退化现象减轻，每穗总粒数增加；喷施叶面肥丹乐硼、翠康苗壮和喷得福，均明显提高功能叶活力，促进光合作用，从而增加千粒重。

在孕穗期至灌浆期喷施叶面肥，可以明显提高水稻产量。

至于国稻6号针对某一种叶面肥最佳的喷施时间和次数尚待进一步研究。

参考文献：

[1] 章卓梁，朱满庭，郎勇明，等. 杂交水稻国稻6号的种性表现及栽培要点[J]. 浙江农业科学，2006（4）：428-429.

[2] 袁隆平. 水稻强化栽培体系[J]. 杂交水稻，2001，16（4）：1-3.

[3] 俞爱英，吴增琪，林贤青，等. 水稻强化栽培体系（SRI）优化配套技术探讨[J]. 中国农学通报，2005（7）：162-164.

[4] 张禹，张剑，吴学荣，等. 强化栽培下氮肥用量对水稻产量的影响[J]. 浙江农业科学，2006（2）：182-183.

[5] 陈文伟，周祖昌，许卫剑，等. 强化栽培下水稻国稻6号施肥技术的试验[J]. 浙江农业科学，2007（2）：187-188.

收稿日期： 2008-05-11

基金项目： 浙江省仙居县重点科研计划项目（200638）

作者简介： 周奶弟（1965— ），男，浙江仙居人，助理农艺师，从事农业技术推广工作。*通讯作者：朱贵平。

注：本文刊登于《浙江农业科学》2008年第6期。

论文3　超级早稻“中早22”短龄早栽技术试验初报

超级早稻“中早22”短龄早栽技术试验初报

朱贵平[1]，张惠琴[1*]，吴增琪[1]，项加青[1]，顾慧芬[1]，张小来[2]，周忠明[2]

（1.浙江省仙居县农业技术推广中心，浙江仙居　317300；
2.浙江省仙居县横溪镇农业技术推广站，浙江仙居　317312）

摘　要：通过对超级早稻中早22的短龄秧苗早栽试验，结果表明，实际产量达8 275.5kg/hm²，比常规高产栽培（CK）增产7.94%，并分析了其生长特点和生育特性，初步提出了配套的高产栽培技术。

关键词：超级稻；中早22；短龄秧苗；早栽；增产效果；栽培技术

20世纪90年代以前，浙江省的水稻生产以种植双季稻为主。1992年以后，随着种植业结构的调整和粮食购销市场的放开，浙江的农民纷纷放弃种植比较效益相对较低的早稻，改双季稻为单季稻，早稻种植面积呈现持续下滑态势[1]。浙江省仙居县早稻种植面积从1992年的9 333hm²下降到2006年的2 000hm²，种植模式从原来的肥—稻—稻和麦—稻—稻逐步演变为肥—单季稻、麦—单季稻和油菜—单季稻为主体，搭配部分肥—稻—稻。尽管早稻在粮食生产中的比重下降，但早稻仍是浙江省粮食储备轮换粮的重要来源，种植早稻也是粮食经营大户主要经济来源之一，对分散粮食风险（浙江省沿海地区单季稻易受台风影响）、确保粮食生产安全非常重要。稳定粮食种植面积，潜力在早稻，难点也在早稻。因此，挖掘早稻单产仍然是各级农业科研和技术推广部门的重要任务。

为明确早稻短龄秧苗早栽增产效果，浙江省农作局要求各地积极开展早稻短龄秧苗早栽试验研究与大田示范。本文以早稻超级稻品种中早22为试材，进行短龄秧苗早栽试验，探索其生长特点、生育特性及高产配套技术，为该项技术的推广提供科学依据。

1　材料与方法

1.1　试验地点

试验在仙居县横溪镇下陈村进行。当地海拔120m，属早稻主产区。试验田前茬作物绿肥紫云英，土壤为轻沙质壤土，综合肥力中上，有机

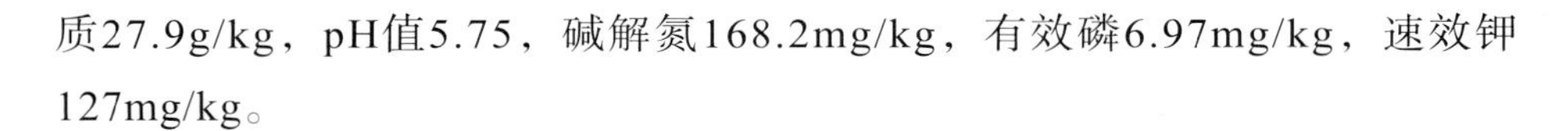

质27.9g/kg，pH值5.75，碱解氮168.2mg/kg，有效磷6.97mg/kg，速效钾127mg/kg。

1.2 试验材料

参试品种为中国水稻研究所育成的早稻超级稻品种中早22[2]，种子由中国水稻研究所提供。

1.3 试验方法

试验方案由浙江省农作局提供。选择种田水平高、对新技术接受能力强、县优秀乡土人才俞金则为试验户。试验田1块，面积1 000m^2，大区对比，每处理500m^2，四周设保护行。

采用旱育秧，大田用种量37.5kg/hm^2，秧田播种量120g/m^2，3月30日播种，尼龙覆盖。试验采用短龄秧苗早栽和当地常规高产栽培法（CK）2种处理。短龄早栽处理于4月19日移栽，秧龄20d；当地常规高产栽培法（CK）处理于4月30日移栽，秧龄31d。移栽密度均为24cm × 14cm，30万丛/hm^2，每丛插3本，基本苗90万/hm^2，试验田用划格器划好格，湿润精确栽插，再灌薄水保苗。

试验田机耕后细耙土壤，开沟作畦，畦宽3m，其中沟宽30cm、沟深25cm，平整畦面，然后灌满沟水，细整验平畦面。移栽前畦面稍经沉实，防止畦面过糊；大田排水至沟内灌满水，畦面无水层，以利浅插，提高移栽质量。移栽前3d，秧田进行通风炼苗，提高秧苗抗逆能力。抢晴带土移栽，并做到浅栽，以缩短秧苗缓苗滞长期。秧苗栽插后，晴天白天保持满沟水，露出畦面增温，夜间温度低于12℃时灌水保温。有效分蘖期保持田间湿润，促进根系和分蘖生长。大田茎蘖数达到有效穗数的100%时，排水搁田，控制无效分蘖。进入幼穗分化至抽穗期灌浅水。齐穗期至成熟期干干湿湿，即1次灌浅水，自然落干，再灌水、落干，反复交替进行。收获前7d开始排水，严防断水过早，以保持稻株青秆黄熟。

由于实行短龄早栽，移栽初期苗体幼小娇嫩，对除草剂比较敏感，因此化学除草在移栽后半个月进行，5月6日用10%农得时可湿性粉剂450g/hm^{2}除草。由于移栽时秧苗较小，大田营养生长期相应延长，因此大田基肥以有机肥（鲜紫云英30 000kg/hm^2）为主，减少面肥用量，每公顷施碳铵375kg、磷肥375kg作基肥，施尿素225kg、氯化钾150kg作追肥，在移栽后

7d和15d分2次施用。大田病虫防治同当地常规高产栽培法。

2 结果与分析

2.1 短龄秧苗早栽不败苗

早稻育秧期间，气温较低，旱育秧苗生长缓慢。20d秧龄移栽，叶龄只有3.04叶，苗高9.17cm，无分蘖（表1），此时移栽，田间操作简单，节省移栽用工，不败苗。当地常规高产栽培法（CK）31d秧龄移栽，叶龄达5.25叶，苗高19.38cm，平均带蘖0.6个，移栽后发生败苗，有明显的缓苗期，不利于秧苗早生快发。

表1 早稻短龄秧苗早栽试验秧苗素质

处理	秧龄（d）	叶龄（叶）	分蘖（个/株）	苗高（cm）
短龄早栽	20	3.04	—	9.17
常规高产栽培（CK）	31	5.25	0.6	19.38

2.2 短龄秧苗早栽起发快有效穗多

短龄早栽始蘖期4月26日，比CK早3d。于5月22日、5月28日和6月7日进行3次调查，短龄早栽10丛总苗数分别为162株、177株、147株，CK分别为128株、158株和136株，短龄早栽分蘖早生快发，前期轰得起，群体数量足，有利于丰产苗架的搭成。短龄早栽的最高苗数比CK高12.03%；有效穗，短龄早栽370.5万/hm^2，比CK的357.15万/hm^{2}高3.74%。

2.3 短龄秧苗早栽全生育期缩短

短龄早栽6月18日始穗，比CK早4d，6月22日齐穗，7月18日成熟，全生育期108d，比CK短2d（表2）。

表2 早稻短龄秧苗早栽试验生育特性 月/日

处理	播种期	移栽期	始蘖期	拔节期	有效分蘖终止期	分蘖高峰期	始穗期	齐穗期	成熟期	全生育期（d）
短龄早栽	3/30	4/19	4/26	5/13	5/20	5/28	6/18	6/22	7/18	108
CK	3/30	4/30	4/29	5/15	5/22	5/30	6/22	6/25	7/20	110

2.4 短龄秧苗早栽增产明显

短龄早栽处理实际产量8 275.5kg/hm²，比CK增产7.94%（表3）。

表3 早稻短龄秧苗早栽试验苗穗粒结构及产量

处理	基本苗（万/hm²）	最高苗（万/hm²）	有效穗（万/hm²）	成穗率（%）	主茎叶数（片）	总粒数（粒/穗）	实粒数（粒/穗）	结实率（%）	千粒重（g）	理论产量（kg/hm²）	实际产量（kg/hm²）
短龄早栽	90	531	370.5	69.8	13	121.2	94.2	77.7	26.9	9 388.5	8 275.5
CK	90	474	357.0	75.3	13	120.0	94.0	78.3	26.6	8 926.5	7 666.5

2.5 短龄秧苗早栽增产原因分析

据试验结果，早稻短龄秧苗早栽提早成熟，增产效果明显，增产原因是穗数优势。短龄移栽的秧苗具有植株损伤轻、栽后扎根生长快、分蘖能力强、大田分蘖发生早、分蘖产生的节位低、分蘖增长快、有效分蘖期和大田营养生长期延长、单株分蘖和成穗数多、群体有效穗数足等特点。短龄早栽可以提高低节位分蘖和一次分蘖成穗率，为多穗大穗打下良好的基础。30d以上秧龄移栽，在秧田期秧苗叶龄已达5叶以上，普遍带蘖，移栽时易损伤已有的分蘖及5、6、7三个叶位的潜在分蘖，而这些低节位分蘖是形成大穗的主要来源蘖[3]。

短龄早栽比CK提早11d移栽到大田里，植株个体水、肥、气、光照充足，生长发育充分，总体营养积累多，因而提早成熟、增产。提早成熟又有利于缓解与连作晚稻的季节矛盾，为夺取晚稻丰收打下基础。

生产上，移栽早稻特别是采用常规水育秧移栽的早稻，普遍存在移栽期偏迟、秧龄偏长的现象。长秧龄移栽的秧苗往往个体素质下降、分蘖节分蘖缺位多，移栽偏迟使大田营养生长期缩短，不利于足穗大穗高产。

3 短龄秧苗早栽高产栽培技术

推行早稻短龄秧苗早栽，改变传统生产方式，有利于挖掘早稻增产潜力，并对连作晚稻尽早移栽、力争高产有积极意义。

3.1 品种选择

浙江种植早稻，一般以加工、饲料为主，推广的品种要满足粮食部门要求。中早22是目前浙江育成的唯一超级早籼品种，属中熟偏迟类型，株型紧凑，株高适中，茎秆粗壮，较耐肥抗倒，分蘖力中等，穗大粒多，丰产性好，后期青秆黄熟；中抗稻瘟病，抗白叶枯病；米质适合加工专用要求，是一个适宜短龄秧苗早栽的早稻理想品种。

3.2 适期旱育

采用旱育秧，播期可比水育秧提早5d，绿肥田、空闲田早稻在3月25日至3月底播种。仙居县旱育秧基础好，旱育移栽能克服直播出苗受天气影响大而易造成出苗差、成秧率低、穗数不足、播种偏迟等导致的成熟期延迟，进而影响连晚和扎根浅易倒伏等不足。旱育移栽操作简便，技术易掌握。整好疏松肥沃的苗床，施好基肥，大田用种量45kg/hm^2，秧田播种量100g/m^2，播种经药剂消毒处理的露白种子，均匀覆土，以不露籽为宜，在播后出苗前（田面湿润）每公顷用50%丁草胺乳油加50%杀草丹乳油各1 125mL兑水750kg喷雾除草，雾点要细、均匀，形成药膜，提高除草效果，再用尼龙覆盖保温。培育苗体健壮、根系发达的壮秧。

3.3 合理密植

合理密植，增丛增穗。在秧龄20d左右、叶龄3～4叶时带土移栽。移栽密度24cm×14cm或20cm×17cm，30万丛/hm^2，每丛插3～5本，基本苗90万～150万/hm^2。早栽早发，利用主穗和低位分蘖成穗，有效地提高成穗率，争多穗、大穗。

3.4 肥水调控

科学肥水管理。以有机肥为主，施绿肥或腐熟栏肥22 500～30 000kg/hm^2。施足基肥，早施分蘖肥，早管促进早发，后期依苗色落黄情况，看苗适施穗粒肥，以提高结实率和千粒重。每公顷施碳铵375kg、磷肥375kg作基肥，施尿素225kg、氯化钾150kg作追肥，在移栽后7和15d分2次施用。由于采用短龄秧苗早栽，苗小苗嫩，除草推迟，移栽后半个月用10%农得时可湿性粉剂450g/hm^{2}除草，施药前田间先灌好5cm左右水层，施药后保水

5～7d。水浆管理根据生育进程合理灌溉，前期以浅水为主，中期适时露田，多次轻搁，促进根系发达，植株健壮，后期干干湿湿，养根保叶，防止断水过早引起早衰。

3.5 病虫防治

综合防治病虫。苗期注意蚜虫、蓟马、稻象甲等害虫的防治，5月中旬注意防治一代二化螟，6月中旬前后防治纹枯病和稻纵卷叶螟，破口至灌浆期做好稻瘟病和飞虱的防治。及时收割，确保丰产丰收。

参考文献：

［1］ 毛国娟，金志凤. 推行短龄秧苗早栽提高浙江早稻单产[J]. 中国稻米，2007（2）：10-13.

［2］ 马良勇，杨长登，李西明，等. 超级早稻品种中早22特征特性及栽培技术[J]. 中国稻米，2006（3）：19.

［3］ 俞爱英，朱贵平，陈冬莲，等. 水稻强化栽培体系不同秧龄移栽对产量的影响[J]. 杂交水稻，2004（2）：53-55.

［4］ 郑益生. 超级早稻“中早22”的特性及其高产栽培技术[J]. 江西农业学报，2006，18（6）：44-45.

收稿日期：2007-11-19

基金项目：浙江省仙居县重点科研计划项目（200638）

作者简介：朱贵平（1966— ），男，浙江仙居人，高级农艺师，主要从事农业技术推广工作。*通讯作者：张惠琴。

注：本文刊登于《江西农业学报》2008年第2期。

论文4　仙居县强力推进稻米品质提升的实践

仙居县强力推进稻米品质提升的实践

吴增琪[1]，朱贵平[1*]，张惠琴[1]

（[1]浙江省仙居县农业技术推广中心，浙江仙居　317300；[*]通讯作者，
E-mail：xjzhuguiping@163.com）

摘　要：浙江省仙居县委县政府提出“打造浙江绿色农产品基地”的战略目标，制定了绿色稻米发展规划。本文从国内稻米产业现状出发，分析了仙居县绿色稻米产业发展的成功经验，阐述了提升稻米品质的重要性和紧迫性。

关键词：绿色稻米；基地建设；品质

1　国内稻米产业现状

我国是稻米生产和消费大国，水稻常年种植面积和总产占粮食作物的28%和40%左右，全国近8.5亿人以稻米为主食，稻米生产在我国粮食生产中有着举足轻重的地位。但水稻生产投入大、附加值低、产品质量不高一直限制了我国稻米产业的发展。通过改进水稻生产技术，提高水稻产品的质量和经济效益是稻米产业得以稳定发展的根本出路。为此，大力发展绿色稻米将从很大程度上改变稻米生产现状，有利于我国农业结构的战略性调整，并满足国内市场和出口贸易的发展需求。

据统计，我国稻米生产所投入的化肥、农药占总量40%左右，这些化肥、农药的大部分都进入了土壤、水系及大气中，对环境造成持久的污染，由此给工农业生产及人们身体健康造成的负面影响越来越大，其危害也越来越为人们所认识。目前我国水稻生产过分依赖化肥、农药的做法尚未从根本上改变，导致稻米品质下降，种稻效益低。

绿色稻米在种植过程中限量使用限定的化学合成生产资料，依靠种植绿肥、稻草还田和系统内生态养殖等方法来获得养分，提高土壤肥力；利用抗病虫品种、培育健壮群体及种养结合、生物防治等方法来控制病虫草害，其环境生态效益不可估量。发展绿色稻米，有利于充分利用自然资

源，改善农业生态环境，促进农业的可持续发展，实现我国水稻高产、安全、生态、高效的目标。

建设绿色稻米生产基地，是实施“十一五”农业发展规划的重要抓手，不仅有利于提高我国稻米产品在国际市场的竞争力，还有利于提高我国农业产业化水平与农民技术素质。我国长期以来重“量”不重“质”，稻米产品质量安全程度不高，在国际市场缺乏竞争力，出口数量也呈逐年下降趋势，这与世界稻米生产第一大国的地位很不相称，主要原因是我国稻米的质量水平还跟不上国际市场的需求变化。绿色稻米是与其他有机食品一样具有较高技术含量和附加值的农产品，市场售价比同类产品要高出30%以上，顺应国际市场食品消费新潮流，有望改变我国稻米产品出口的被动局面，有利于提高我国食用稻米面向发达国家及地区的国际市场竞争力。

相对于市场，我国绿色稻米的发展还只是刚刚起步，但对于整个稻米生产的历史，绿色稻米生产却是一个巨大的转变。这一转折改变了城市、改变了乡村，也改变了人们的观念。

2 仙居县绿色稻米生产基础

仙居县地处浙江省东南部、台州市西部，县域面积2 000km^2，是个“八山一水一分田”的山区县。境内重峦叠嶂，空气清新，景色秀美，森林覆盖率达77.2%。永安溪川流不息，清澈见底，风光旖旎。由于地处海洋性气候与内陆性气候交汇处，仙居县日照充足，雨量充沛，自然生态条件优越独特，是省级生态环境建设重点县、省级生态示范区建设试点单位之一。早在2002年，仙居县委县政府就提出了“生态立县”的奋斗目标，着力把仙居建设成为生态经济发达、人居环境和谐、生态环境优美、生态文化繁荣的国家级生态城市。

从2002年开始，仙居县就开展了无公害稻米生产，进行无公害农产品基地认证，面积164.4hm^{2}的朱溪镇杨丰山无公害优质米基地被认定为浙江省首批无公害农产品基地，“杨丰山”牌大米供不应求。2004年，白塔镇高迁片350.0hm^{2}优质米生产基地被认定为省级无公害农产品基地。2005年12月完成了《无公害稻米生产技术研究》课题，2006年着手开展绿色稻米栽培技术研究前期工作。通过宣传发动、科学规划、技术培训，绿色稻米生产基地建设作为2007年仙居县农业重点项目，首先在基础条件较好的横溪镇八都垟片进行示范，创建了高标准、高起点的生产基地333.4hm^2，基地和产品在省内率先通过绿色认证，引起了中央电视台、浙江电视台等多家媒体的关注。2007年11月30日下午，“仙居县绿色稻米推介会”在杭州举行，会上举行了产销对接签约仪式，多家新闻媒体做了报道。仙居县主打品牌“浙丰”珍米，具有优质、营养、卫生、柔软可口、免淘洗、风味佳等优点，是家庭食用及馈赠佳品，已成为客商、市民抢购的商品和各大宾馆、酒店的特供产品，在浙江国际农业博览会上，先后5次获金、银奖，2007年被评为“浙江十大品牌大米”。多年来所获得的成绩和经验，为仙居的绿色稻米生产打下了坚实的基础，仙居绿色稻米产业开发走在了全省前列。随着台金和诸永高速公路的建成，仙居的区位条件明显改善，与上海、杭州、宁波、温州等大中城市的连接更加紧密，绿色稻米的市场前景更加广阔。

3 仙居县绿色稻米基地建设的主要工作措施

3.1 制定绿色稻米发展规划和扶持政策

仙居县委县政府对绿色稻米产业开发高度重视，把它列入对乡镇、部门年度工作考核目标，作为加分和政绩的重要依据；把绿色稻米生产作为提升农产品质量，促进绿色农业快速发展的重要抓手来抓，强化建设责任；全面落实了各项工作措施，建立了绿色稻米生产工作班子，明确了责任领导、职能部门和具体责任人；建立了定期联系指导、协调沟通和检查督促制度，全面推进绿色稻米基地建设，努力向建设“浙江省绿色农产品生产基地”战略目标迈进。并于2007年底制定了《仙居县绿色稻米发展规划》[1]，2008年8月13日出台了中共仙居县委、仙居县人民政府《关于建设绿色农产品生产基地的若干政策意见》，对绿色农产品生产基地建设进行重点扶持。

3.2 培育合作社，扶持农业龙头企业

绿色稻米基地建设的成败，关键看是否抓住了植保统防统治、种植绿肥和做强做大营销企业。为提升区域农产品核心竞争力，仙居县将绿色稻米作为七大主导产业之一来培育，目前，粮食（植保）专业合作社已发展到76家，其中仙居县八都农机粮食生产专业合作社、仙居县后塘种植专业

合作社、仙居县稻稻香农业专业合作社、仙居县绿盈农业专业合作社等是其中的代表，它们拥有成套农业机械设备，组建了专业服务组织，开展全程服务，绿色大米销往全省各地，基地农民得到实惠[2]。

深加工是提升农产品价值的关键环节，仙居县财政重点扶持稻米营销企业，以台州市稻香村农业科技发展有限公司为龙头（为借助外力拉动绿色稻米产业发展，仙居县大力开展招商引资，台州市稻香村农业科技发展有限公司就是其中的一家以生产、加工、销售优质米系列产品为主的引进企业），以各粮食专业合作社为纽带，以基地为基础，建成“公司+合作社+基地+农户”的新型生产、加工销售模式，对基地生产的绿色稻谷全部实行订单收购，统一品牌销售，提高仙居县绿色大米的知名度和市场竞争力，逐步做强做大仙居县的绿色稻米产业。产品不仅打入上海、成都、杭州、嘉兴等市场，还远销到意大利。2009年该公司投资1 000万元，建成一个年加工稻谷2.5万t的加工厂，并在杭州、宁波、嘉兴、台州等大中城市设立600家连锁店，为绿色稻米的加工和销售提供保障。

3.3　落实“三位一体”农技责任制度

每个基地责任到人，落实“三位一体”农技责任制度，采用首席专家领办，农技指导员和责任农技员具体负责技术服务方式，推广绿色标准化栽培技术，抓好农产品生产过程和产地准出监管，全面落实农技服务责任。为保证品质，水稻收割前，责任农技员对基地进行不定期大样本抽检两次，收购时再检验，以起到“双保险”作用。一旦发现不合格稻谷，无条件退回。县农业局、镇党委政府、合作社对参与基地建设的农技人员共同绩效考核，考核结果与农技人员的奖金福利、职称评聘、学习进修挂钩。如果抽检不合格1次，扣责任人奖金500元。

3.4　突破绿色稻米发展瓶颈

3.4.1　多种途径解决有机肥源

3.4.1.1　种植绿肥紫云英

绿色稻米生产要求有机肥中的氮素总量大于化肥的氮素使用总量，有机肥不足是制约绿色稻米生产的瓶颈。种植冬绿肥紫云英是解决有机肥不足的关键技术措施。由于推广了绿肥结荚翻耕技术，使仙居县绿肥播种面积得到恢复性增长，全县冬绿肥面积已恢复到3 333.4hm^2。仙居县横溪镇下陈村连续几年采用这一技术，使土壤有机质含量从原来的2%提高到4%左右，经济效益和社会效益显著。仙居县对种植绿肥紫云英给予政策支持，每亩补助30元，也有力地促进了绿肥生产。

3.4.1.2 种植油菜

仙居县委县政府从仙居县风光秀丽、旅游资源十分丰富的实际出发，提出了“两基地一胜地”（即先进的制造业基地、浙江省绿色农产品基地和旅游观光胜地）建设的战略目标，把绿色农产品基地建设和旅游观光胜地建设作为重点产业来抓，并做到有机结合，相互促进，成功举办了两届浙江油菜花节，油菜种植面积从2007年的1 333hm^{2}发展到2009年的5 200hm^2，有力地推动了观光农业的发展，拓展了农业功能，实现了农业和旅游业的良性互动，同时也为绿色稻米生产奠定了基础。

3.4.1.3 “三沼”综合利用

实施规模养殖场和养殖小区沼气工程，推行农牧结合，创新农作制度。围绕培育壮大农业主导产业、发展高效生态农业和提高农产品质量安全水平这条主线，大力推进农牧结合型示范基地建设，2009年在横溪镇八都垟片创建农牧结合型绿色稻米示范基地667hm^2。基地内集中养殖生态仙居农家猪10 000头、麻鸭30 000羽，铺设管道，把沼液引向大田作有机肥，变废为宝，有效地减少了养殖场对周围环境的影响，达到双赢效果。

3.4.2 综合措施控制病虫危害

绿色稻米生产，关键要抓好病虫防治工作。按照部署，每个绿色稻米基地都建有农业专业合作社，成立植保服务组织，配置植保机械，开展统防统治业务。向社员收取50元左右病虫统防费用（整合政策性补贴）后，病虫防治工作全部由植保服务组织负责。目前，全县绿色稻米基地共有肩背式弥雾机615台、担架式喷雾器103台、安装频振式杀虫灯2 000多台、应用性诱剂167hm^2、稻田养鸭50 000羽、稻田养鱼333hm^2，为绿色稻米生产提供了充足的硬件支持。

3.5 从培训入手，推广绿色稻米标准化生产技术

选择基地时先进行系统培训，从绿色稻米生产的重要性和必要性，绿

色稻米生产的定义，环境要求，品种选择，栽培、施肥、植保技术以及配套措施等方面进行认真细致的讲述，让社员知道什么是绿色稻米，如何生产绿色稻米。在生产关键环节进行重点培训或田头指导。从2008年开始的新型农民培训，正好把绿色稻米标准化栽培技术培训到基地。仙居县委组织部在县委党校组织全县所有行政村村支部书记和村民主任的培训班，绿色稻米生产技术为必修课，扩大了其在全县范围的影响力。每年春耕生产，召开全县性的技术培训会，对乡镇干部和农技人员进行系统培训，并组织全体农技人员下乡入村，开展宣传培训。据统计，3年来全县共培训各类人员3万多人次，发放技术资料5万多份，包括了四大标准［《绿色食品　大米》（NY/T 419—2006）、《绿色食品　产地环境技术条件》（NY/T 391—2000）、《绿色食品　肥料使用准则》（NY/T 394—2000）、《绿色食品　农药使用准则》（NY/T 393—2000）］、《仙居县绿色稻米生产技术规程》《绿色农产品生产技术》等培训教材。

在培训过程中，把统一的生产管理包括实行产地编码制度，落实质量安全控制措施（农业投入品进出台账完整，原始生产档案记录规范，有专人负责档案保管，并保存2年以上；实行每批次的产品质量自检，并有完整记录），质量追溯制度和基地农产品质量安全准出制度作为重点培训内容，每个基地必须落实专人负责。县农产品检测中心负责培训速测技术。

这样，每袋绿色大米在出厂前都被贴上了一个产地编码，消费者按着产地编码到网上一查就可以追溯到这袋大米是哪家企业加工生产的，由哪个基地、哪个农户种植的，还可以找到耕种这片农田的生产记录。消费者可以买得放心、吃得安心。

3.6　从认证推介入手，提高仙居县绿色稻米品牌知名度

3.6.1　积极认证，开拓市场

标准化栽培技术是基础，质量认证是手段。通过绿色认证的大米，有了响亮的名片，身价倍增，销售渠道拓宽，其附加值提高。我们对绿色稻米认证工作高度重视，县财政对通过认证的基地给予3万元奖励。2007年横溪镇八都垟片333.4hm^{2}绿色稻米基地通过认证，从2008年开始，县委县政府积极筹备，着手仙居县申报为国家级绿色稻米生产基地，统一认证。3年来基地内产品没有出现抽检不合格现象。

3.6.2 主动推介，为企业搭桥铺路

为了让绿色稻米产业做强做大，走出浙江，走向世界，必须打响仙居绿色大米品牌，走可持续发展之路。仙居县委县政府高度重视宣传工作，组织企业、合作社参加在台州、杭州、上海、广州等地举行的各类展销会、博览会，为企业搭桥铺路，积极推介，提高“浙丰”珍米影响力，扩大知名度。2007年11月30日下午，“仙居县绿色稻米推介会”在杭州成功举行，标志着仙居县绿色稻米产业开发正式拉开序幕。此后，我们提出口号：“仙居绿色稻米，让您回归18世纪的绿色，享受21世纪的品质”，《仙居绿色农业》专题片和宣传画册相继录制完成，通过媒体大力宣传，其知名度和美誉度正不断上升。

3.6.3 开展有机稻米试验示范

从2008年开始进行有机稻米生产尝试。在海拔800m的苗辽山头建立了6.7hm^{2}有机稻米基地，生产过程中不使用任何化肥和农药，采用养鸭和性诱剂方法治虫，获得成功，基地和产品通过有机认证（转换产品）。虽然产量不高（300kg/亩），但有机稻米售价高达10元/kg，还供不应求，农民种植效益很可观。2009年有机稻米种植面积扩大到66.7hm^2。

4 主要的技术措施

4.1 选择基地

选择自然生态环境优越、基础较好、条件成熟、建设积极性高、示范辐射带动作用大的乡镇开展绿色稻米基地建设。基地环境符合绿色食品产地的有关技术要求，生产地的环境符合《绿色食品　产地环境质量标准》（NY/T 391—2000）要求。根据仙居县的生态条件和技术支撑能力，到“十一五”期末，全县计划建立绿色稻米基地3 333hm^2，分三个大片：横溪埠头片、白塔田市官路片和朱溪上张片。

4.2 确定品种

绿色稻米要走出仙居，受到市民青睐，不仅品质要好，卖相更要好，选品种非常关键，近两年以嘉优99为主栽品种，因为该品种产量和品质都属上乘[3]。2009年重点示范天丝香。同时新引进了湘晚籼13、天优604等20多个优质水稻新品种，为绿色稻米产业发展筛选优质水稻良种。

4.3 制定技术规程

编制通俗易懂的《仙居县绿色稻米生产技术规程》，整合水稻强化栽培、测土配方施肥等健身栽培技术，对产地、品种、育苗、移栽、本田管理、收获、贮运等方面进行详细的、量化的规定，实行“统一订单收购、统一品种布局、统一生产操作规程、统一稻鸭共作、统一投入品供应和使用、统一测土配方施肥、统一病虫防治、统一机械作业、统一检测、统一品牌销售”“十统一”生产管理制度。采用标准化栽培，规范化种植，科学地控地、控种、控肥、控药、控水。建立和完善农产品生产、加工、包装、运输、储藏及市场营销等各个环节质量安全档案记录和农产品标签管理制度，形成产销一体化的产品质量安全追溯体系。

4.4 科学使用肥料

通过种植绿肥、油菜和大量施用堆肥、栏肥等有机肥来培肥地力，改良土壤结构，实现稻作可持续发展。基地内按照规划，全部种植冬绿肥紫云英或油菜。施肥以有机肥为主，控制化肥用量，肥料使用执行《绿色食品 肥料使用准则》（NY/T 394—2000）标准。

4.5 抓好病虫防治

以“生态平衡理论”为指导，按照“预防为主，综合防治”的总方针，以农业、物理、生态、生物防治为主，化学防治为辅，通过选用优质高产抗病品种、培育壮苗、精耕细作等农业措施；利用杀虫灯捕捉害虫等物理措施；采用释放天敌等生物措施，根据病虫害发生、发展规律，因时因地制宜，经济、安全、有效地控制病虫害。保护和利用天敌，发挥生物防治作用，用有益生物消灭有害生物，扩大以虫治虫，以菌治虫的应用范围。选用《绿色食品 农药使用准则》（NY/T 393—2000）标准中列出的高效、低毒、低残留的化学农药和生物农药，禁止使用绿色稻米生产禁用的所有农药及其复配剂。每种有机合成农药（含A级绿色食品生产资料农药类的有机合成产品）在水稻生长期内只允许使用1次，并按规定用量使用。

4.6 落实配套措施

生产基地必须依靠合作社，建立农业投入品监管组织和植保服务组织，采用统防统治、稻鸭共育、稻田养鱼、频振式杀虫灯、性诱剂等配

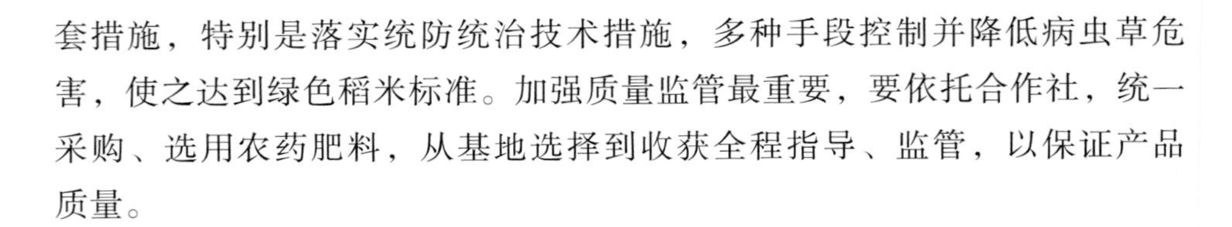

套措施，特别是落实统防统治技术措施，多种手段控制并降低病虫草危害，使之达到绿色稻米标准。加强质量监管最重要，要依托合作社，统一采购、选用农药肥料，从基地选择到收获全程指导、监管，以保证产品质量。

5 基地建设初显成效

经过3年建设，仙居县20个乡镇、街道中已有12个乡镇建立了绿色稻米基地，累计面积3 333hm^2，其中2007年在横溪镇八都垟片建立绿色稻米基地333hm^2，2008年在横溪、朱溪、官路和田市等乡镇发展667hm^2，2009年推广应用2 333hm^2。3年共生产绿色稻谷2.5万t，加工绿色大米1.5万t。通过精加工和品牌包装，产品已远销台州、杭州、上海等大中城市。在发展过程中，形成了以横溪镇八都垟片、朱溪镇杨丰山片和上张乡山头片、白塔镇岙里港片、田市镇水各片、官路镇大方垟片、下各镇社山片等为代表的一大批重点基地，在全县起到很好的示范带动作用。据统计，仙居县绿色稻米产业共实现增收节支和加工增值4 350万元，经济效益显著。

6 发展前景

按照规划，计划到“十一五”期末，全县绿色稻米基地发展到3 333hm^2，有机稻米基地333hm^2，重点分布在横溪、白塔、朱溪、上张、官路、田市、皤滩等16个乡镇、街道。

参考文献：

［1］ 朱贵平，吴增琪，张惠琴，等. 仙居县制定绿色稻米发展规划着力打造浙江绿色农产品基地[J]. 中国稻米，2008，14（1）：74-77.

［2］ 成其仓，俞卫星，夏声广. 永康市杨溪稻米生产合作社的创新实践[J]. 中国稻米，2007，13（5）：71-73.

收稿日期： 2009-12-07

基金项目： 浙江省仙居县农业科研计划项目（2007B27）

注：本文刊登于《中国稻米》2010年第3期。

论文5　水稻病虫绿色防控技术探讨与应用

水稻病虫绿色防控技术探讨与应用

张惠琴，朱贵平，周奶弟，顾慧芬

（仙居县农业技术推广中心，浙江仙居　317300）

摘　要：随着人民生活水平的不断提高，绿色大米乃至有机大米越来越受到消费者的青睐。本文从品种选择、栽培技术、施肥技术，以及以生物防治、理化诱控为核心的植保综防技术等方面探讨了水稻病虫绿色防控技术。

关键词：水稻病虫；绿色防控技术；探讨；应用

我国是稻米生产和消费大国，全国近8.5亿人以稻米为主食，稻米生产在我国粮食生产中占据着举足轻重的位置[1]。众所周知，长期以来为解决国人的温饱问题，我国的水稻生产一直在不懈地追求高产，对稻米品质无暇顾及，稻米生产过程中滥施化肥和农药的现象普遍存在，往往造成大米农残超标，长期食用这样的大米，严重危害人体健康。近年来，随着生活水平的不断提高，居民的消费需求也从以前的“只求吃饱”提高到“还要吃好”这一层面，对食用大米的品质和质量安全越来越重视，绿色大米乃至有机大米越来越受到消费者的青睐[2]。仙居县山清水秀，自然生态环境优越，具备发展绿色稻米生产的良好条件，我们从2007年开始进行水稻病虫绿色防控技术的探索和研究，开展了大量的试验研究与示范推广工作，取得了显著的成效，现将结果报道如下。

1　品种选择

以“熟期适宜、抗病虫、米质优”为原则来选用良种，如甬优9号、钱优100、嘉优99及天丝香等。

2　栽培技术

针对2011年仙居县水稻上新出现由迁飞性害虫白背飞虱传毒引起的南

方水稻黑条矮缩病在感病品种上重发以及深受本地农民欢迎的嘉优99杂株较多的实际情况，采用以小苗移栽、双本插种、合理密植、好气灌溉为核心的栽培技术，在足施有机肥的条件下，控制氮化肥用量，配施磷钾肥，以充分发挥水稻个体生长势，增强植株抗病虫能力，减少化肥、农药的使用量，达到绿色防控的目的。

2.1 育苗

播种期根据不同组合或品种结合不同茬口确定，选择背风、向阳、水源方便、地势高燥、排水良好的地块作秧田，每亩大田的秧田面积为10～20m²。在播种前10～15d每平方米苗床施腐熟优质农家肥2～2.5kg或45%三元复合肥50～75g，浅翻10～15cm。每亩用种量0.5kg，播前1～2d晒种，将经过晒种选种的种子用80%402乳油1 500倍液浸种24h，清水洗净后催芽至露白。播种前用25%吡虫啉粉剂4g拌种，控制秧苗期稻飞虱和蓟马的为害，预防水稻黑条矮缩病的发生。播种覆土后用36%水旱灵乳油150mL/亩兑水50kg进行土壤封杀。

2.2 移栽

在秧龄15～20d、叶龄3～4叶时移栽，移栽密度以每公顷12万～13.5万丛为宜。

2.3 水浆管理

采用节水灌溉技术，移栽后立即灌水护苗5～7d。整个生育期大田采用好气灌溉，以养根为目的，坚持灌跑马水，干湿交替，湿润活熟到老。分蘖期每次灌水后由其自然落干至表土出现细裂纹，抽穗期灌浅水，齐穗后水浆管理同分蘖期。

3 施肥技术

施肥上以有机肥为主，主要通过前作种植紫云英、油菜来实现；严格控制氮化肥用量，氮素总量不超过7kg；钙镁磷肥控制在25kg以内；氯化钾用量不受限制。具体使用方法：基肥，每亩施有机肥2 000kg，钙镁磷肥20～25kg，碳铵15kg；追肥—移栽后15d左右亩施尿素5kg、氯化钾5～7.5kg；移栽后30d左右，再亩施尿素5kg、氯化钾5～7.5kg。单施15-

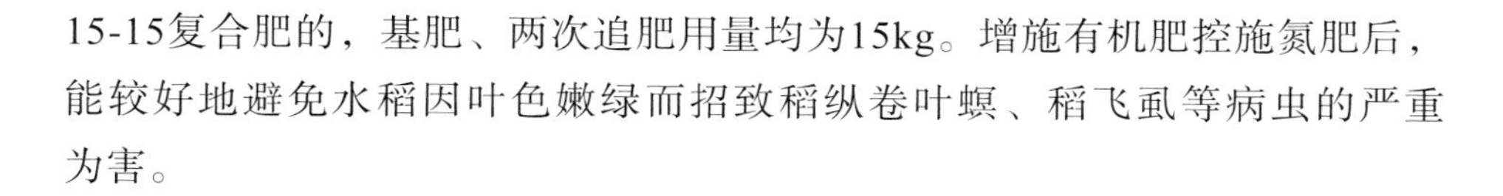

15-15复合肥的，基肥、两次追肥用量均为15kg。增施有机肥控施氮肥后，能较好地避免水稻因叶色嫩绿而招致稻纵卷叶螟、稻飞虱等病虫的严重为害。

4 植保综防技术

4.1 生物防治

（1）稻鸭共育。利用鸭子控制部分杂草和害虫。选用体形较小的麻鸭或半番鸭放养在稻田，稻鸭共生期90d左右（从6月中旬至9月中旬），既能以鸭粪肥田，又能除草、除虫，免除化学除草剂的使用和针对稻飞虱的药剂防治，促使稻田生态趋于良性循环，且鸭子品质好，价格高。在大田移栽的同时购买鸭苗先在家中饲养10～15d，待秧苗返青后再将雏鸭放养到稻田中，放养密度为每亩12～15只，稻田灌水深度以鸭脚刚好接触泥土为宜。随着鸭子的长大，灌水深度适当增加。开挖大田丰产沟，深度在15cm左右，并在沟内始终保持8～10cm深的水层。搁田时采取分片搁田的办法，或者把鸭子赶到田边的渠、河、塘内过渡3～4d。至水稻蜡熟期时，及时将鸭子从稻田赶出，以防鸭子取食谷粒，并立即排水，之后采取湿润灌溉，以增强稻根活力，防止水稻倒伏。

（2）稻田养鱼。首先加高加固田埂，田埂高50～70cm，顶宽50cm左右。在田里壁或田内一角开挖鱼沟，沟深30～50cm，整个沟的开挖面积占田面的8%～10%。稻田养鱼是以稻鱼共生为基础的，因此选择鱼种和最佳放养密度是成功的关键。选用瓯江锦鲤，体重100g左右的鱼苗，每亩放养70～80尾，一般情况下能较好地控制稻田草害和虫害，但碰上害虫大发生年份可能需要化学防治。杀虫剂可选用杀虫双、杀虫单、吡虫啉、苏云金杆菌等，避免使用氟虫腈等对鱼毒性大的农药。防治病虫前先排浅田水，使鱼集中于鱼沟再施药，药物应尽量喷在稻株上，以提高防病虫效果，并减低农药对鱼类的危害。药后2～3d再加水至正常深度。

（3）生物农药防治。利用生物杀虫剂和生物杀菌剂防治病虫害。防治水稻二化螟、稻纵卷叶螟可选用3 200万国际单位施安可湿性粉剂100g兑水50kg喷施；防治稻瘟病、白叶枯病、细菌性条斑病每亩用2%宁南霉素水剂300倍液喷施；防治纹枯病每亩用5%井冈霉素水剂150mL兑水50kg在发病率达到20%时喷于稻株中下部，也可用10%井冈霉素可湿性粉剂每亩50g

兑水进行常规喷雾；防治稻曲病可在水稻抽穗前7～10d，每亩用10%井冈霉素可湿性粉剂50g或5%水剂150mL兑水常规喷雾。

4.2 理化诱控

（1）杀虫灯诱杀。利用频振式杀虫灯诱杀成虫，棋盘式布灯，约1.67hm^{2}左右架设一盏灯，可有效降低害虫虫口密度，减少防治次数和用药量，保护农业生态环境。目前又有厂家开发了一种太阳能杀虫灯，不需架设电路，使用起来更加方便，是绿色防控中较理想的物理防治措施。

（2）性诱剂诱杀。移栽后在大田每亩设置3～5个诱捕器，在诱捕器中放入二化螟、稻纵卷叶螟两种诱芯，利用性诱剂进行诱杀，诱芯每月更换一次，可有效防控二化螟、稻纵卷叶螟。

4.3 化学防治

实施控氮栽培：采用稻鸭共育或稻田养鱼及理化诱控后，水稻病虫害的发生较其他田块轻，但碰上病虫害重发的年份或没有条件实施以上防控措施的，需采取化学防治手段时，选用《绿色食品　农药使用准则》（NY/T 393—2000）标准中列出的高效、低毒、低残留的化学农药，禁止使用绿色稻米生产禁用的所有农药及其复配剂。每种有机合成农药（含A级绿色食品生产资料农药类的有机合成产品）在水稻生产季节内只允许使用一次，并按规定用量使用。进行化学防治时，按照农药使用准则执行，并严格遵守安全间隔期。

大田化学除草：移栽前每亩用50%丁草胺乳油100mL与磷肥均匀地混合后随同基肥一起撒施，移栽后20～25d结合第二次追肥每亩用25%苄·乙可湿性粉剂25g拌尿素5kg、氯化钾5kg撒施，施药前灌3～5cm浅水，水层不能淹没稻苗心叶，药后保水5～7d。

水稻二化螟：用20%杜邦康宽（氯虫苯甲酰胺）悬浮剂10mL或10%稻腾（阿维·氟虫双酰胺）30mL或18%杀虫双水剂250g兑水40kg在一二龄高峰进行防治。

稻纵卷叶螟：水稻对稻纵卷叶螟的危害具有较强的自然补偿能力，在本田前期可以少用药甚至不用药，这非常有利于保护天敌，减轻水稻中后期稻飞虱等害虫的危害[3]，确需用药时可在一二龄高峰用35%纵卷清可湿性粉剂80～100mL或40%毒死蜱乳油100mL或40%福戈8～10mL兑水30kg于傍晚前后进行喷雾。

白背飞虱、灰飞虱：在低龄若虫高峰期用10%吡虫啉40g或25%吡蚜酮可湿性粉剂25g兑水40kg喷雾。

褐飞虱：在低龄若虫高峰期用25%扑虱灵可湿性粉剂50～100g或25%吡蚜酮可湿性粉剂20～25g或20%叶蝉散乳油150mL或80%敌敌畏乳油200mL兑水60kg进行喷淋。

稻瘟病：在叶瘟初发生时每亩用75%三环唑可湿性粉剂20g兑水50kg喷洒；在出穗率达1/3时用20%龙克菌悬浮剂100g或40%稻瘟灵乳油100mL兑水40kg喷施防治穗颈瘟。

稻曲病：在水稻破口前5～7d，亩用43%戊唑醇悬浮剂10～15mL，或30%苯甲·丙环唑乳油15～20mL，或25%三唑酮可湿性粉剂50～60g兑水40kg喷雾，且可以兼治纹枯病。

水稻白叶枯病、细菌性条斑病：在发病初期用20%龙克菌悬浮剂100g或20%叶青双可湿性粉剂100g兑水50kg细喷雾。

鼠害：开展春季灭鼠，用0.05%溴敌隆1∶100做成毒饵，放置在毒饵站内，等距离放置诱杀，残留药剂及时回收处理。

5 推广应用与发展前景

4年来，随着水稻病虫绿色防控技术的日益完善和推广应用，仙居县绿色稻米面积不断扩大，2007年示范5 080亩，2008年扩大到1.26万亩，2010年面积达到6万亩，绿色稻米产业化体系初步建成。按照规划，到2015年，全县绿色稻米基地发展到10万亩，生产绿色稻谷4.5万t，有机稻米基地发展到5 000亩，生产有机稻谷1 500t。

参考文献：

［1］ 吴增琪，朱贵平，张惠琴，等. 仙居县强力推进稻米品质提升的实践[J]. 中国稻米，2010（3）：68-71。

［2］ 朱贵平，吴增琪，张惠琴，等. 仙居县制定绿色稻米发展规划着力打造浙江绿色农产品基地[J]. 中国稻米，2008（1）：74-77。

[3] 沈建新，张小来，王乃庭，等. 稻纵卷叶螟危害损失率剪叶模拟试验[J]. 植物保护，2008（4）：161-163。

基金项目：浙江省仙居县重点科研计划项目（2010B02）

作者简介：张惠琴（1970— ），女，浙江仙居人，高级农艺师，主要从事农业技术推广和研究工作。E-mail：xnzhq@yahoo.com.cn。

注：本文刊登于《世界农业》2011年第3期。